Matemáticas financieras

Aplicaciones usando Excel

Aníval Torre

Acceda a www.marcombo.info
para descargar gratis
el contenido adicional
complemento imprescindible de este libro

Código: INFORMATICA6

Matemáticas financieras
Aplicaciones usando Excel
© Aníval Torre

Primera edición: Empresa Editora Macro EIRL, Lima – Perú, febrero de 2022

Primera edición: MARCOMBO, S.L. 2024

ISBN: 978-84-267-3764-9
D.L.: B 442-2024

Impreso en Servicepoint
Printed in Spain

Aníval Torre

Ingeniero natural de Ticapampa –Recuay–, Áncash, con sólida experiencia en el ámbito universitario, con más de 30 años como docente enfrentando los desafíos que se imponen al desarrollo social, político, económico y cultural dentro del contexto nacional e internacional, caracterizado por la corriente globalizadora y tecnológica.

Realizó estudios de Ingeniería Industrial en la Universidad Nacional de Ingeniería (UNI). Tiene el grado de Máster en Investigación y Docencia Universitaria, y una Diplomatura en Seguridad y Defensa Nacional en la Universidad Inca Garcilaso de la Vega (UIGV); además, tiene una Diplomatura en Educación Abierta y a Distancia en la Universidad Abierta y a Distancia de Panamá (UNADP). Cuenta con conocimientos técnicos y prácticos, con visión de investigador, innovador que coadyuva a la toma de decisiones de las entidades económicas y entidades públicas inmersas en un mundo globalizado, apoyado en la ética profesional, sustentada a su vez en valores morales.

Presentación

El presente manual autoformativo está dirigido a aquellos estudiantes que tengan la asignatura de Matemáticas Financieras, y a aquellas personas que posean conocimientos básicos y que deseen actualizarlos de forma progresiva y amena hasta la realización de tareas propias.

El éxito o fracaso de una persona o empresa depende de las decisiones que tome. Solo las decisiones acertadas nos llevan al éxito. Y para tomar decisiones acertadas tenemos que poseer información de calidad, la que se obtiene utilizando herramientas matemáticas y datos reales.

En los últimos años, el uso de los ordenadores nos está permitiendo ser más competitivos, es decir, trabajar de manera eficaz y eficiente. Las matemáticas financieras modernas utilizan los ordenadores como una herramienta para acelerar los cálculos. Excel tiene entre sus categorías una para las fórmulas financieras que permite resolver los problemas de manera rápida. Los problemas que nos retrasarían dos horas se pueden resolver hasta en dos minutos. Las funciones financieras de Excel son programas que hacen cientos de interacciones en una fracción de segundo.

Además, debe tenerse en cuenta que los profesionales utilizan el ordenador en sus centros de trabajo. El estudiante tendrá que adecuarse a las tecnologías empleando los programas más confiables, para lo cual será necesario tener a mano la teoría que el texto ofrece y el ordenador para resolver los problemas, y, para casos de emergencia, contar con una calculadora científica.

Con la amplia experiencia de más de treinta años, el autor ha seleccionado los problemas tipo de manera gradual para que el estudiante no tenga dificultades para entenderlos. Asimismo, presenta otros problemas planteados a fin de que los resuelva y compruebe sus resultados con el solucionario.

En los últimos años, con la globalización ha surgido un lenguaje universal a través de la estandarización de conceptos y símbolos para su uso en las fórmulas, lo que permite hacer cálculos en cualquier país con la certeza de que se está hablando un solo idioma. Por ejemplo, los conceptos de capital y cuantía han sido sustituidos por valor actual y valor futuro.

Que este texto sea de provecho para los estudiantes y profesionales en la solución de los problemas financieros, y así tomen la mejor decisión.

El autor

Introducción

Se espera que la experiencia de estudio que ahora inicia sea significativa para su ejercicio profesional y desarrollo personal.

El manual autoformativo de *Matemáticas Financieras* es un instrumento práctico, de uso permanente y clarificador. En él encontrará información sobre todo aquello que lo ayudará en sus estudios: la presentación del manual autoformativo, la introducción, algunas orientaciones metodológicas para iniciar el trabajo académico, es decir, aquellos recursos que podrá utilizar a lo largo del curso: el contenido temático de la asignatura, el cual se encuentra dosificado de forma semanal; la orientación bibliográfica necesaria para facilitarle una información precisa y detallada de los temas tratados. El manual se complementa con actividades o ejercicios prácticos de refuerzo. Asimismo, se plantea la forma de evaluación y las orientaciones para el estudio de cada unidad o tema tratado ante eventuales dificultades.

Recuerde:
Lea exhaustiva y minuciosamente el manual autoformativo. Téngalo siempre a mano.

El manual contiene un material seleccionado para los estudiantes de Contabilidad, Ciencias Administrativas, Ciencias Económicas y Financieras e Ingenierías, elaborado especialmente para la autoformación en la educación a distancia. En él se revisan todas las fórmulas tradicionales y las fórmulas financieras estandarizadas de las matemáticas financieras que son la base de las finanzas. Además, se desarrollan las fórmulas de interés simple, interés compuesto, descuento simple, descuento compuesto, depreciación y las fórmulas financieras. Estas últimas constituyen un resumen de los temas anteriores, que están vigentes en la actualidad y que se empleaban a nivel mundial para tomar decisiones acertadas. En el pasado, los instrumentos de cálculo eran muy limitados: se utilizaban el ábaco, la regla de cálculo, las tablas financieras y las sumadoras mecánicas. En la actualidad, los instrumentos de cálculo como el ordenador y las calculadoras científicas permiten lograr cierta rapidez y precisión a fin de trabajar con grandes volúmenes de datos y obtener mayor confiabilidad.

Las matemáticas financieras tradicionales solo incluían el interés simple e interés compuesto. En la actualidad, las fórmulas financieras están estandarizadas para aplicarlas en cualquier país y, por lo tanto, las finanzas se hacen más dinámicas. Los problemas de tasa interna de retorno (TIR) o de valor actual neto (VNA), que antes se resolvían en dos o tres horas, ahora se resuelven en dos o tres minutos.

Las matemáticas financieras actuales facilitan las operaciones en los negocios y están presentes en todo el ciclo operativo:

» Compras: cantidad, plazo de pago, medio de pago, etc.

» Fabricación: costes, apalancamiento operativo, etc.

» Almacenaje: nivel de *stock*, rotación y eficiencia del espacio.

» Ventas: precios, márgenes, políticas de crédito, forma de pago, medios de pago, etc.

» Cobranzas: nivel de cartera pesada y nivel de incobrables.

» Dividendos: cuantía y oportunidad.

» Reinversión: destino de los beneficios en capital de trabajo, nuevo negocio, reestructuración de pasivos, etc.

Ciclo operativo de un negocio y las finanzas

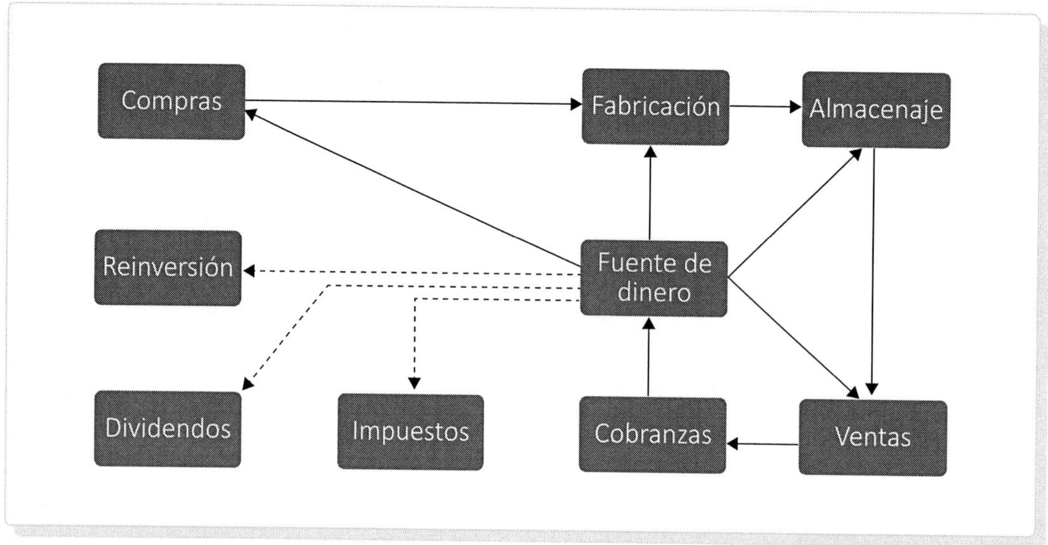

Fuente: Elaboración propia.

El manual incluye la mayor diversidad de problemas resueltos, ordenados de manera gradual. Asimismo, incluye problemas propuestos y resúmenes. Se diseñó para los niveles básico e intermedio; se adapta al alumno, siempre es interesante y amigable; se elaboró pensando en sustituir al profesor y su empleo se proyectó para la educación virtual, aunque este no es el objetivo principal, sino el de llegar al alumno y ser una herramienta útil en la solución de problemas del mundo real.

Agradecimientos

Muchos docentes han colaborado con sugerencias en la elaboración del manual, a quienes agradezco eternamente:

Dr. Norberto Chau Pérez
Pontificia Universidad Católica del Perú

Dr. José Tezén Campos
Universidad Nacional Mayor de San Marcos

Dr. Hilario Aradiel Castañeda
Universidad Nacional de Ingeniería

Dr. Oscar Becerra Pacherres
Universidad de San Martín de Porres

Medios didácticos

Los medios didácticos necesarios para su aprendizaje son:

Capítulos	Son los temas propuestos que usted deberá leer y practicar con los problemas a lo largo de la semana.
Resúmenes	Usted deberá realizar los subrayados y, luego, utilizando sus propias palabras y empleando el menor número de palabras posible, expresar las ideas fundamentales del tema. Todo resumen debe ser claro, concreto, continuo y personal.
Esquemas gráficos	Usted podrá tener un panorama general de la lección y ordenar con claridad jerarquizando los contenidos resumidos. Le facilitarán el repaso, además de incrementar su interés y asimilación del material de estudio. Los esquemas gráficos que puede emplear son de llaves o flechas, líneas, categorías y otros diagramas.
Cuadros comparativos	Son tablas de doble entrada que permiten comparar o clasificar los conceptos respecto a una serie de criterios. Además, permiten encontrar las semejanzas y las diferencias en los contenidos.
Mapas conceptuales	Permiten clasificar los conceptos claves y relevantes para establecer relaciones con otros conocimientos recién asimilados.

Orientaciones metodológicas

Las Matemáticas Financieras son una asignatura de naturaleza teórico-práctica y de formación profesional en la especialidad. Su elaboración se realiza a nivel básico y su propósito es desarrollar en el estudiante capacidades y destrezas en el uso de ecuaciones financieras para procesar información financiera de calidad.

Comprende los siguientes capítulos:

1. Nociones básicas sobre el valor del dinero, porcentaje, descuentos y tasas
2. Interés simple e interés compuesto
3. Descuento simple y descuento compuesto
4. Fórmulas financieras con el uso de Microsoft Excel

Estrategias de aprendizaje:

Tu aprendizaje y dominio de la asignatura requieren de ciertas orientaciones metodológicas, que son las siguientes:

1. **E**studia en un lugar adecuado, por lo menos una hora diaria (6 horas semanales); así avanzarás una lección por semana.
2. **S**oluciona los problemas manteniendo el manual cerrado; así lograrás confianza y destreza.
3. **T**ranscribe tus propios problemas en los espacios que el manual te indica y soluciónalos.
4. **U**tiliza los siguientes materiales de trabajo: el manual autoformativo, un cuaderno, una calculadora científica y un ordenador.
5. **D**esarrolla la asignatura siguiendo el orden establecido en unidades y temas que están interrelacionados.
6. **I**nterpreta y profundiza en el marco teórico antes de realizar las prácticas.
7. **A**naliza los resultados obtenidos en la solución de problemas.

Índice

Presentación 5
Introducción 7
Agradecimientos 9
Medios didácticos 10
Orientaciones metodológicas 11

CAPÍTULO 1

Nociones básicas 17

1.1 Valor del dinero en el tiempo 18
Introducción 18
1.1.1 Dinero 18
1.1.2 Expresiones del dinero 18

1.2 Porcentaje 19
Introducción 19
1.2.1 Descuento sobre ventas 19
1.2.2 Descuentos sucesivos 20

1.3 Tasa de interés 20
Introducción 20
1.3.1 Formas financieras de la tasa de interés 21

1.4 Tasa nominal, tasa efectiva y tasa equivalente 23
Introducción 23
1.4.1 Tasa de interés nominal 24
1.4.2 Tasa de interés efectiva 24
1.4.3 Tasa de interés equivalente 24
1.4.4 Tasa de descuento efectiva y tasa de descuento nominal 25

1.5 Tasa pasiva, tasa activa, tasa real, tasa discreta y tasa continua 26
1.5.1 La tasa de interés pasiva 26
1.5.2 Tasa de interés activa. 27
1.5.3 Tasa de interés real 27
1.5.4 Valor nominal y valor real 28
1.5.5 Tasa de interés discreta 28
1.5.6 Tasa de interés continua 28
1.5.7 Metodología de las matemáticas financieras 30
Problemas resueltos 31
Problemas propuestos 43
Autoevaluación 46
Respuestas de la autoevaluación 61

CAPÍTULO 2

Interés simple e interés compuesto **49**

2.1 Interés e interés simple 50
2.1.1 Interés 50
Problemas resueltos 51
Problemas resueltos 55
Autoevaluación 59
Respuestas de la autoevaluación 61

CAPÍTULO 3

Descuento simple y descuento compuesto **63**

3.1 Descuento y descuento simple 64
3.1.1 Descuento 64
Problemas resueltos 66
Problemas resueltos 75
Autoevaluación 83
Modelo de examen parcial N.° 1. 86
Modelo de examen parcial N.° 2. 88
Modelo de examen parcial N.° 3. 90
Modelo de examen parcial N.° 4. 92
Respuestas de la autoevaluación 94

Respuestas de los modelos de exámenes parciales 94

CAPÍTULO 4

Fórmulas financieras con el uso de Excel 95

4.1 Fórmula general 96
Introducción 96
4.1.1 Fórmula general mnemotécnica 96
4.1.2 Fórmulas financieras 97
4.1.3 Diagramas de flujo 97
4.1.4 Factores financieros 98

4.2 Funciones para el cálculo de inversiones 99
Introducción 99
4.2.1 La función valor actual (VA) 100
4.2.2 La función valor neto actual (VNA) 100
4.2.3 La función valor futuro (VF) 100
Problemas resueltos 101
4.2.4 La función pago 108
4.2.5 La función pagoint 108
4.2.6 La función pagoprin 108
4.2.7 La función NPER 109
Problemas resueltos 110

4.3 Funciones para el cálculo de la tasa interna de retorno 114
4.3.1 La función tasa 114
Problemas resueltos 116
Problemas propuestos 117

4.4 Depreciación y sus causas 118
Introducción 118
4.4.1 Depreciación 118
4.4.2 Causas de la depreciación 119
4.4.3 Métodos 119

4.5 Funciones para el cálculo de la depreciación 123
4.5.1 Definición de términos 123
4.5.2 La función SLN 124

4.5.3 La función DDB 124
4.5.4 La función DB 124
4.5.5 La función DVS 124
4.5.6 La función SYD 125
Problemas resueltos 126

4.6 Criterios de evaluación de alternativas 127
Introducción 127
4.6.1 Coste de oportunidad 127
4.6.2 Coste de oportunidad del capital (COK) 128
4.6.3 Criterio valor neto actual (VNA) 128
4.6.4 Criterio tasa interna de retorno o tasa interna de rendimiento (TIR) 128
4.6.5 Desventajas de usar la TIR 128
4.6.6 Criterio periodo de recuperación de la inversión (PRI) 129
4.6.7 Criterio coeficiente beneficio/coste (B/C) 129

4.7 Otros criterios de evaluación de alternativas 130
4.7.1 Criterio punto de equilibrio 130
4.7.2 Criterio análisis de sensibilidad 131
Problemas resueltos 132
Autoevaluación de la unidad IV, tema A 148
Autoevaluación de la unidad IV, tema B 150
Modelo de examen final N.° 1 153
Modelo de examen final N.° 2 156
Modelo de examen final N.° 3 158
Modelo de examen final N.° 4 160
Respuestas de la autoevaluación de la unidad IV, tema A 162
Respuestas de la autoevaluación de la unidad IV, tema B 162
Detalle de la pregunta 4 de la autoevaluación de la unidad V 162
Respuestas de los modelos de exámenes finales 163
Detalle de la pregunta 4 del modelo de examen final N.° 1 163

Glosario 165
Referencias bibliográficas 167

CAPÍTULO 1

Nociones básicas

Propósito

Familiarizarse con los conceptos básicos de las Matemáticas Financieras.

Objetivos

» Distinguir y operar con los conceptos de dinero, tasas de interés, capital financiero, capital social y coste de capital.
» Resolver problemas de porcentajes y descuentos.

Contenido

1. Valor del dinero en el tiempo
2. Porcentaje
3. Tasa de interés
4. Tasa nominal, tasa efectiva y tasa equivalente
5. Tasa pasiva, tasa activa, tasa real, tasa discreta y tasa continua

Nociones financieras en el pasado

"Aristóteles describe el primer contrato de opciones conocido en el primer tomo de su *Política*. Él cuenta cómo el filósofo Tales inventó todo un mecanismo financiero que entraña un principio de aplicación universal. Tales tenía una gran habilidad para pronosticar acontecimientos y predijo que la nueva cosecha de aceitunas sería excepcionalmente buena. En tal virtud, Tales hizo convenios con propietarios locales de molinos aceiteros y colocó pequeños depósitos con cada uno de ellos para garantizar que él sería el primero en reclamar el uso de aquellos molinos. Cuando llegó el otoño, Tales consiguió negociar a precios bajos, ya que la cosecha estaba a un distante futuro y nadie sabía si sería abundante. Nueve meses después, Tales era un hombre rico. Cuando llegó la recolección de la aceituna, se produjo una gran demanda de molienda, pero Tales se demoró todo lo posible y ganó gran cantidad de dinero, explicó Aristóteles" (Kindleberger, Charles. P. (1978). *Manias, Panics and Crashes, Basic Books New York*).

1.1 Valor del dinero en el tiempo

Introducción

El dinero tiene distinto valor en el tiempo. Su valor real disminuye con el paso del tiempo a una tasa aproximadamente igual al nivel de inflación vigente.

EJEMPLO 1

Si tiene hoy S/100 para comprar un determinado artículo, dentro de un año, esos mismos S/100 no serán suficientes para volver a comprar el mismo artículo. Si desea saber a cuánto equivalen S/100 de hoy a S/100 dentro de un año y tomando como referencia una tasa inflacionaria anual (10 %), finalmente obtendrá S/110. Esto significa que da lo mismo tener S/100 al principio de un año que S/110 al final de él.

EJEMPLO 2

Una persona pide prestados S/1000 y ofrece una tasa de interés del 20 %. Si se sabe que la tasa de inflación será del 20 % y se acepta hacer el préstamo en esas condiciones, no se estará ganando nada sobre el valor real del dinero, ya que solo será reintegrada una cantidad exactamente equivalente al dinero prestado.

De lo anterior se puede concluir que las comparaciones de dinero en el tiempo deben hacerse en términos del valor adquisitivo real o de su equivalencia en distintos momentos y no a partir de su valor nominal.

1.1.1 Dinero

Es un medio de intercambio que expresa el valor de los bienes, servicios y obligaciones. Se transforma mediante el acto legal de compra-venta. Nadie quiere el dinero por lo que es, sino porque mediante su uso se pueden satisfacer innumerables necesidades.

1.1.2 Expresiones del dinero

» **Como *stock*:** Es el fondo sujeto a restricción, es decir, no se puede mover durante un tiempo determinado.

» **Como flujo:** Es el activo corriente de una empresa.

» **Como capital financiero:** Es la medida de un bien económico referido a la época en que es indispensable. Todo bien económico está asociado a un capital financiero.

» **Como coste financiero:** Es el coste por utilizar los capitales financieros de la empresa. Está asociado a las inversiones.

» **Como coste de capital:** Es el rendimiento mínimo que debe ofrecer una inversión para que merezca la pena realizarla desde el punto de vista de los actuales poseedores de una empresa (Suárez Suárez, 2005).

» **Como capital social:** Es el conjunto de dinero, bienes y servicios aportados por los socios y que constituye la base patrimonial de una empresa. Este capital puede aumentar o disminuir.

1.2 Porcentaje

Introducción

El porcentaje o tasa es el número de unidades que se toma por cada cien unidades. Para aplicar el porcentaje al total, se divide en 100 unidades iguales.

EJEMPLO

Si de 100 unidades se toman 20 unidades, entonces se tiene 20/100, que representa el 20 %.

Dicho de otra manera: el 20 % equivale a 0,20, o sea, 20/100 = 0,20.

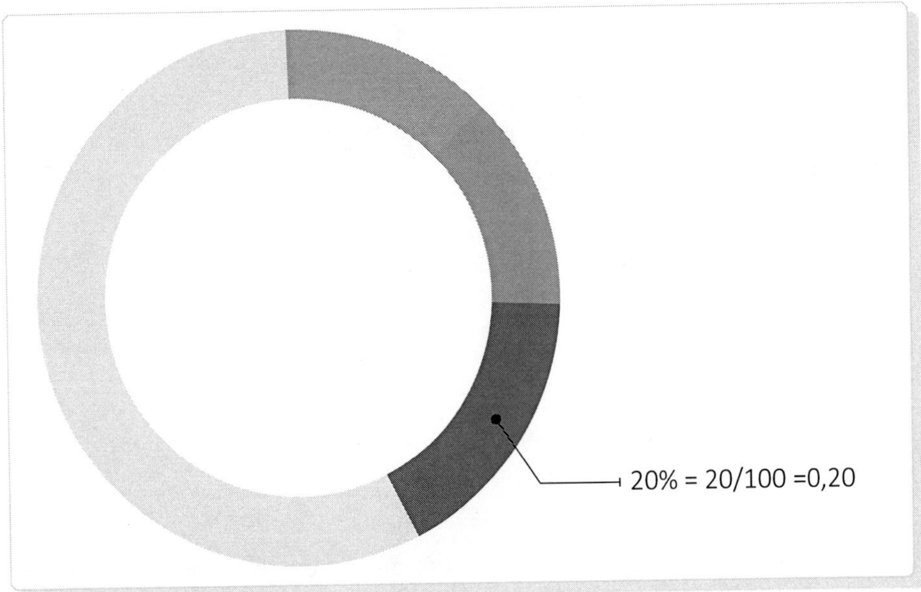

Fuente: Elaboración propia.

1.2.1 Descuento sobre ventas

El descuento sobre ventas es un porcentaje que se aplica al precio de venta.

EJEMPLO

Halle el 10 % al precio de venta de S/200.

Solución:

$$\text{Descuento} = \text{porcentaje} \times \text{ventas}$$

$$\text{Descuento} = (0{,}10)(200) = \text{S/ } 20$$

$$\text{Precio nuevo de venta} = \text{precio de venta} - \text{descuento}$$

$$\text{Precio nuevo de venta} = 200 - 20 = \text{S/ } 180$$

También:

$$\text{Precio nuevo de venta} = (1 - 0{,}10)(200) = (0{,}9)(200) = \text{S/ } 180$$

1.2.2 Descuentos sucesivos

Los descuentos sucesivos son los que se aplican sobre el último precio.

EJEMPLO

Halle el descuento del 5 % al 20 % de S/500.

Solución:

Descuento sucesivo = (0,05) (0,20) (500) = S/5

1.3 Tasa de interés

Introducción

La tasa de interés o tasa de rendimiento es la fracción del capital que se paga por la unidad del tiempo por concepto de interés. Es la proporción del interés y del capital.

Su fórmula es:

$$i = \frac{I}{C \cdot t}$$

Fórmula 1.1

donde i = tasa de interés por año
I = interés
C = capital
t = tiempo

Después de analizar el problema de la elección intertemporal de un bien, se concluye que la disponibilidad actual en el uso de ese bien está referida generalmente a su disponibilidad futura. Esa diferencia de valor o relación de cambio entre disponer de un bien hoy y disponer de ese mismo bien mañana tiene un precio: la tasa de interés.

La tasa de interés es, por tanto, el precio relativo de la disponibilidad más temprana en el uso de un bien.

Este concepto de tasa de interés se manifiesta en todo problema que suponga una elección intertemporal (consumo de hoy o mañana, dinero de hoy o mañana, etc.). Analizándolo así, no tiene que asociarse con la existencia de dinero o de instrumentos financieros. Sin embargo, en una economía monetaria en la que el dinero es el medio general de pago en los intercambios (incluidos los intertemporales), y en la que existe un sistema financiero desarrollado, la tasa de interés aparece vinculada con transacciones en las que aparece el dinero o, en general, los activos financieros.

EJEMPLO

Una persona obtuvo un préstamo bancario de S/10 000, por el cual pagó la suma de S/2000 como interés anual. ¿Qué tasa de interés aplicó el banco?

Solución:

$I = 2000$

$C = 10\,000$ $\qquad i = \dfrac{I}{C \cdot t} = \dfrac{2000}{(10\,000)(1)} = 20\%\ \text{anual}$

NOTA
Cuando la tasa es anual, se puede obviar la palabra *anual*.

EJEMPLO

¿Cuál es la tasa de interés simple que se ha aplicado para que un capital de S/8000 colocado en 2 años más 6 meses haya ganado S/600?

Solución:

$C = 8000$
$t = 2\ \text{años}, 6\ \text{meses}; \text{entonces}\ 24 + 6 = 30\ \text{meses}$
$t = 30\ \text{meses} = (30/12)\ \text{años}$
$i = ?$
$I = 600$

$$i = \frac{600}{8000\left(\frac{30}{12}\right)} = \frac{600}{20\,000}$$

$i = 0{,}03$
$i = 3\%\ \text{anual}$

1.3.1 Formas financieras de la tasa de interés

Tasa de interés simple: Cuando los intereses no se capitalizan.

Tasa de interés compuesto: Cuando los intereses se capitalizan, es decir, se van agregando a la cantidad invertida.

Tasa de descuento: Similar a la tasa de interés. Se aplica en los descuentos. Puede ser simple o compuesto.

Tasa de interés activo: Tasa de interés que el banco cobra por un préstamo.

Tasa de interés pasivo: Tasa de interés que el banco paga a sus ahorradores.

Tasa de interés nominal: Se aplica al rendimiento que otorga un instrumento de inversión en un periodo, como el coste de un préstamo.

Tasa de interés real: Descuenta los efectos de la inflación. Puede ser negativa o positiva.

Tasa de interés real negativa: Si la tasa de interés es inferior a la inflación.

Tasa de interés real positiva: Si la tasa de interés es superior a la inflación.

EJEMPLO

Si la tasa de interés es del 150 % anual y la inflación del año es del 162 %, entonces la tasa de interés real es negativa: 12 %.

Si la tasa de interés es del 150 % anual y la inflación del año es del 145%, entonces la tasa de interés real es positiva: 5 %.

Tasa anual: Es el rendimiento que otorga un instrumento de inversión en un año y está expresado en porcentaje.

EJEMPLO

Si el 1 de enero compra una acción a 100 dólares y en el cierre del año, el 31 de diciembre, la vende a 200 dólares, habrá obtenido un rendimiento de 100 dólares, que equivale a una tasa de interés del 100 %.

EJEMPLO

Cuando los precios son constantes

Suponga que existen expectativas nulas de inflación. En este caso, la tasa de interés efectiva (real) y la nominal coinciden, y un intercambio de préstamo de S/100 hoy por S/110 dentro de un año indica que tanto la tasa de interés real como la nominal son del 10 % anual.

EJEMPLO

Cuando los precios están creciendo

Suponga ahora que los precios no son estables, sino que están creciendo. En este caso, las expectativas de inflación serán también positivas. Si el intercambio intertemporal señalado se mantiene cuando las expectativas de inflación son del 10 % anual, entonces la tasa de interés nominal sería igual al 10 %; pero la tasa de interés real sería nula, ya que el individuo que realizará este préstamo únicamente lograría mantener intacta la capacidad adquisitiva del dinero, pero sin mostrar ninguna preferencia temporal a favor del presente frente al futuro. Esta distinción tiene importancia, ya que es la tasa de interés real la relevante para las decisiones de inversión.

1.4 Tasa nominal, tasa efectiva y tasa equivalente

Introducción

El triángulo de torre es una figura que sirve para convertir una tasa nominal a tasa efectiva o viceversa; asimismo, convierte una tasa efectiva en otra tasa efectiva equivalente.

Figura: Triángulo de torre.

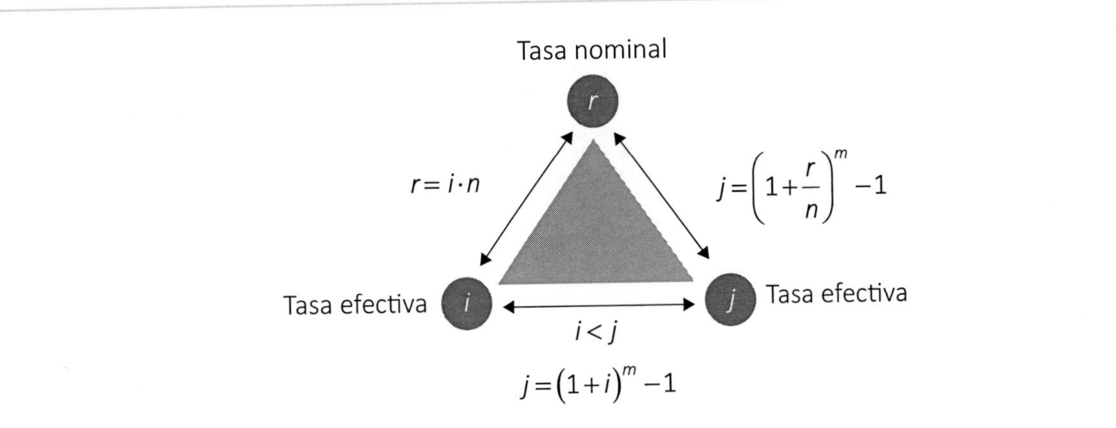

Fuente: Elaboración propia.

Manejo del triángulo de torre

Se debe usar la siguiente nomenclatura:

r = tasa de interés nominal.
i = tasa de interés efectiva.
j = tasa de interés efectiva.
n = número de periodos de capitalización; relaciona la tasa nominal r con la tasa efectiva i.
m = razón de los periodos de i y j, donde $i < j$; relaciona la tasa efectiva i con la tasa efectiva j.

EJEMPLO

Si $r = 12$ % anual capitalizable trimestralmente, entonces $m = 4$

$i = 12$ %/4 = 3 % trimestral.

EJEMPLO

Si $i = 1$ % mensual y $j = 12{,}68$ % anual, entonces $m = 12$.

1.4.1 Tasa de interés nominal

La tasa de interés nominal es la tasa de interés referencial y se denota usando la letra *r*. Se expresa con la frase: "capitalizable..." e indica cuántas veces se capitaliza al año.

La tasa de interés nominal no indica el verdadero interés devengado por un capital al final del periodo respectivo.

La tasa de interés nominal es la tasa autorizada por el Banco Central de Reserva (BCR) de forma legal y es aplicada cuando la unidad de tiempo es por lo general un año. No genera intereses capitalizables y es un interés simple.

Su fórmula es:

$$r = n \cdot i$$

Fórmula 1.2

donde r = tasa nominal
n = número de periodos de capitalización
i = tasa efectiva

Formas de expresión de la tasa nominal

14 % ATV (anual trimestre vencido)
14 % nominal anual, capitalizable trimestralmente
14 % capitalizable trimestralmente
14 % anual liquidable por trimestre vencido
14 % TV (trimestre vencido)

1.4.2 Tasa de interés efectiva

La tasa de interés efectiva es la tasa que se aplica en las fórmulas financieras y se denota usando las letras *i* o *j*. Se expresa con un número seguido por el periodo de capitalización.

La tasa de interés efectiva es la tasa que corresponde al interés nominal más los intereses por los intereses no retirados o capitalizados, cuya variación está en función del número de periodos de capitalización.

Su fórmula es:

$$j = \left(1 + \frac{r}{n}\right)^m - 1$$

Fórmula 1.3

donde r = tasa nominal
n = número de periodos de capitalización
m = razón de los periodos de i y j

1.4.3 Tasa de interés equivalente

Dos tasas de interés son equivalentes cuando reditúan el mismo interés, pero están aplicadas cada una de ellas a un número de periodos de capitalización diferentes. En la práctica, su uso es muy frecuente para convertir una tasa dada en otra equivalente.

Su fórmula es:

$$j=(1+i)^{m}-1$$ **Fórmula 1.4**

donde i = tasa efectiva
j = tasa efectiva
m = razón de los periodos de i y j

EJEMPLO

El 1 % mensual es equivalente al 12,68 % anual.

1.4.4 Tasa de descuento efectiva y tasa de descuento nominal

$$i=1-\left[1-\frac{r}{m}\right]^{m}$$

Esta fórmula se usa para transformar tasas de descuentos. El triángulo de torre se usa para transformar tasas de interés.

Importante

Equivalencias

1 año = 52 semanas
1 año = 12 meses
1 año = 365 días
1 mes = 4,33 semanas

EJEMPLO

En dos países, la tasa de interés es del 40 % anual. Sin embargo, la tasa de inflación en uno de ellos alcanza el orden del 75 %, mientras que el otro, caracterizado por una economía relativamente estable, presenta una tasa de inflación del 5 % anual. Un tercer país en análisis presenta una tasa de interés del 45 % y alcanza una inflación del 8 %. Como institución financiera, ¿dónde invertiría? Comente.

Solución:

País A Tasa de interés real = 40–75 = -35 % negativo

País B Tasa de interés real = 40–5 = 35 % positivo

País C Tasa de interés real = 45–8 = 37 % positivo

Si la institución financiera va a prestar dinero, conviene invertir en el país C.

Si la institución financiera se va a prestar dinero, conviene invertir en el país A.

EJEMPLO

Se cuenta con tres fuentes de financiamiento.

Fuente de financiamiento	Tasa nominal	Capitalización
Financiera A	42 %	Semestral
Financiera B	33 %	Bimestral
Financiera C	38 %	Trimestral

Índice de precios al consumidor

En el 31 de diciembre, año 1 S/504,20
En el 31 de diciembre, año 2 S/542,30

Determine la tasa de interés real y la tasa de interés reajustada en cada caso. Decida la mejor alternativa financiera.

Solución:

Conviene la financiera B porque:

Tasa global de la financiera A

$$j=(1+r/n)^m-1=(1+0{,}42/2)^2-1$$

$$j=46{,}41\%$$

Tasa global de la financiera B

$$j=(1+r/n)^m-1=(1+0{,}33/6)^6-1$$

$$j=37{,}88\%$$

Tasa global de la financiera C

$$j=(1+r/n)^m-1=(1+0{,}38/4)^4-1$$

$$j=43{,}77\%$$

$$\text{Inflación}=\frac{542{,}30-504{,}20}{504{,}20}=5{,}56\%$$

Tasa de interés real de las financieras

A:

$$TR=\frac{\text{tasa de interés global}-\text{tasa de inflación}}{1+\text{tasa de inflación}}$$

$$TR=\frac{0{,}4641-0{,}0556}{1+0{,}0556}=38{,}69\%$$

B:

$$TR=\frac{\text{tasa de interés global}-\text{tasa de inflación}}{1+\text{tasa de inflación}}$$

$$TR=\frac{0{,}3788-0{,}0556}{1+0{,}0556}=30{,}62\%$$

C:

$$TR=\frac{\text{tasa de interés global}-\text{tasa de inflación}}{1+\text{tasa de inflación}}$$

$$TR=\frac{0{,}4377-0{,}0556}{1+0{,}0556}=36{,}20\%$$

1.5 Tasa pasiva, tasa activa, tasa real, tasa discreta y tasa continua

1.5.1 La tasa de interés pasiva

Es aquella que pagan las instituciones financieras por las operaciones de depósito, que son las operaciones de captación de los recursos monetarios del mercado financiero.

Esta captación puede ser de tres formas:

» Depósitos a plazo fijo
» Depósitos a plazo indefinido (ahorros)
» Depósitos a la vista (cuenta corriente)

En la actualidad, algunas instituciones financieras pagan intereses por los depósitos en cuenta corriente.

1.5.2 Tasa de interés activa

Es aquella que cobran las instituciones financieras por las operaciones de los préstamos que otorgan.

El tipo de interés (%) corresponde a la autorización del instituto emisor, como ente regulador, en busca del equilibrio entre el ahorro y la inversión.

1.5.3 Tasa de interés real

Es la tasa en la que se descuentan los efectos de la inflación. La tasa de interés real es la tasa de interés deflactada por la tasa de inflación. La tasa de interés no deflactada se conoce como tasa reajustada o tasa inflada.

$$TR = \frac{\text{tasa de interés global} - \text{tasa de inflación}}{1 + \text{tasa de inflación}}$$

Tasa de interés real negativa	Si la tasa de interés es inferior a la inflación.
Tasa de interés real positiva	Si la tasa de interés es superior a la inflación.

Ejemplo

¿Cuál es la tasa de interés real que se obtiene en una economía en la que se paga el 8 % anual capitalizado cada año, pero que sufre una inflación anual del 6 %?

$$TR = \frac{\text{tasa de interés global} - \text{tasa de inflación}}{1 + \text{tasa de inflación}}$$

$$TR = \frac{0{,}08 - 0{,}06}{1 + 0{,}06} = 0{,}0189 = 1{,}89\%$$

También:

$$1 + T_E = (1 + T_R)(1 + T_{inf})$$

Fórmula 1.5

donde T_E = tasa reajustada
T_R = tasa real
T_{inf} = tasa de inflación

Tasa real

$$T_R = \left[(1 + T_E)/(1 + T_{inf})\right] - 1$$

Fórmula 1.6

Tasa reajustada

$$T_E = \left[(1 + T_R)(1 + T_{inf})\right] - 1$$

Fórmula 1.7

1.5.4 Valor nominal y valor real

El valor real expresa el deterioro que sufre la moneda por el efecto de la inflación. Refleja la pérdida del poder adquisitivo de los ingresos respecto a una fecha base.

EJEMPLO

¿Cuál es, al cabo de dos años, el valor real de su ingreso, que asciende a S/3000, si este no se incrementa nominalmente y la economía sufre una inflación anual del 8 %?

$$\text{V.real} = \frac{\text{V.nominal}}{(1+\text{inflación})^{\text{Número de periodos}}}$$

$$\text{V.real} = \frac{3000}{(1\ +\ 0{,}08)^2} = 2572$$

Quiere decir que en términos de lo que se ganaba inicialmente, al cabo de dos años, se pueden obtener bienes por un valor de S/2572; es decir, se ha perdido un 14,27 % del poder adquisitivo.

1.5.5 Tasa de interés discreta

Es aquella tasa cuyo periodo de capitalización es discontinuo y fijo, que puede situarse en años, semestres, trimestres, bimestres, meses u otros.

$$\text{VF} = \text{VA}(1+i)^n$$

Fórmula 1.8

donde VF = valor futuro
VA = valor actual
i = tasa efectiva

1.5.6 Tasa de interés continua

Es aquella tasa cuyo periodo de capitalización es el más pequeño posible.

$$\text{VF} = \text{VA}e^{r \cdot n}$$

Fórmula 1.9

donde VF = valor futuro
VA = valor actual
r = tasa nominal

EJEMPLO

El 35 % anual capitalizable continuamente significa que es una tasa expresada anualmente y su periodo de capitalización es el más pequeño posible. En términos matemáticos, esto quiere decir que el número de periodos de capitalización durante el tiempo de la operación financiera crece indefinidamente. A diferencia del interés discreto, en el interés continuo la tasa se presenta siempre de forma nominal.

EJEMPLO

Una persona deposita hoy una suma de dinero en una institución financiera que paga un interés del 27 % anual capitalizable continuamente. Si el saldo a favor del inversionista es de S/855 dentro de 3 años, halle la cantidad depositada originalmente.

Solución:

$VA = ?$

$VF = 855$

$r = 27\%$ anual capitalizable continuamente

$n = 3$ años

$VF = VAe^{r \cdot n}$

$855 = VAe^{(0{,}27)(3)}$

$VA = 380{,}35$

EJEMPLO

¿Al cabo de cuánto tiempo una inversión de S/420 se convierte en S/1466 si el rendimiento del dinero es del 25 % nominal capitalizable continuamente?

Solución:

$n = ?$

$VA = 420$

$r = 25\%$ anual capitalizable continuamente

$VF = VAe^{r \cdot n}$

$1466 = 420e^{0{,}25(n)}$

$1466/420\,e^{0{,}25(n)} = 0{,}25\,n\ln e$ Sabiendo que $\ln e = 1$

$n = \ln(3{,}490476)/0{,}25$

$n = 5$ años

Logaritmo de un número	Propiedades
El logaritmo es la operación inversa de la potenciación.	$\log_b N^r = r \cdot \log_b N$
$\log_b N = x \Leftrightarrow b^x = N$	$\log_b A \cdot B = \log_b A + \log_b B$
$\log_{10} 100 = 2 \Leftrightarrow 10^2 = 100$	$\log_b \frac{A}{B} = \log_b A - \log_b B$
$\log_{10} 0{,}1 = -1 \Leftrightarrow 10^{-1} = 0{,}1$	$\log_b b = 1 \quad \log_{10} 10 = 1$
Logaritmo neperiano:	$\ln e = 1$
$\log_e N = \ln N$	$\log_b a = \frac{\log_x a}{\log_x b}$

1.5.7 Metodología de las matemáticas financieras

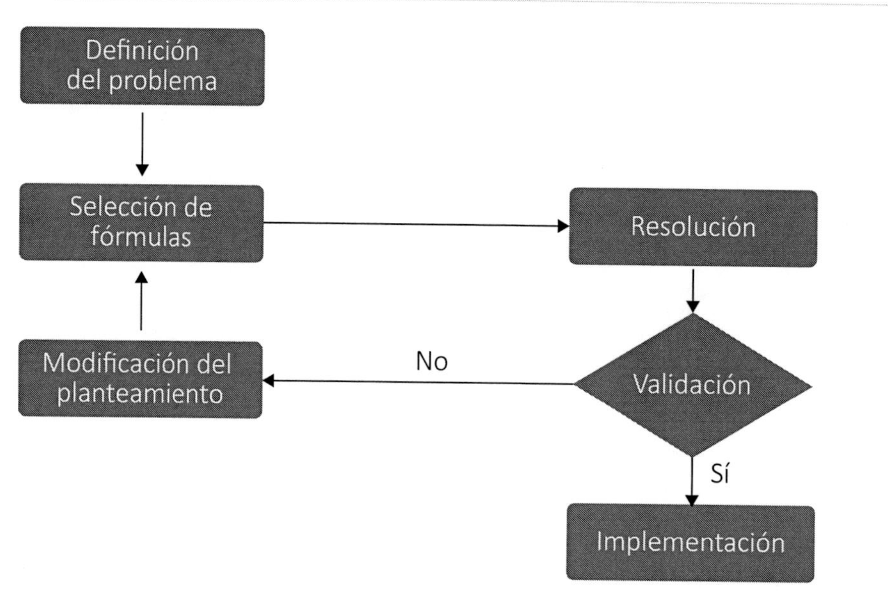

1. **Definición del problema**
   Es identificar, comprender y describir el problema financiero identificando los tres datos en la misma unidad de tiempo y la incógnita.
2. **Selección de fórmulas**
   Es identificar la fórmula necesaria y preparar los datos.
3. **Resolución**
   Es obtener valores para la incógnita. Se sugiere usar las funciones financieras del Excel o una calculadora científica para lograr rapidez y precisión.
4. **Validación**
   Es revisar cuidadosamente los resultados para ver que los valores tienen sentido y que las decisiones resultantes puedan llevarse a cabo.
5. **Modificación del planteamiento**
   Se corrigen las limitaciones no observadas durante el planteamiento.
6. **Implementación**
   Se interpretan los resultados obtenidos para tomar una decisión. Todo problema debe tener una solución y una respuesta.

Fuente: Elaboración propia.

"El arte de enseñar es el arte de ayudar a descubrir".
Mark van Doren

Problemas resueltos

1. Halle los siguientes descuentos:

   a. El 10,00 % de S/300

   b. El 12,40 % de S/15 400

   c. El 7,65 % de S/56 000

   d. El 0,71 % de S/666 333

Solución:

a. Descuento = Porcentaje × ventas = (0,10) (300)
Descuento = S/30,00

b. Descuento = Porcentaje × ventas = (0,124) (15 400)
Descuento = S/1909,60

c. Descuento = Porcentaje × ventas = (0,0765) (56 000)
Descuento = S/4284,00

d. Descuento = Porcentaje × ventas = (0,0071) (666 333)
Descuento = S/4730,96

2. Un vendedor ha acumulado en ventas S/234 000. Si de ese total tiene derecho al 8,25 % por comisión, ¿cuál es el importe de la comisión que recibe?

   Solución:

   Ventas = 234 000
   Porcentaje = 8,25 %
   Comisión = Porcentaje × ventas
   Comisión = 0,0825 x 234 000
   Comisión = 19 305

3. Un vendedor recibe a fin de mes una comisión de S/685,25, equivalente al 8,15 % del total de las ventas realizadas. ¿Cuál es el total de las ventas?

   Solución:

   Comisión = 685,25
   Porcentaje = 8,15 %
   Comisión = Porcentaje × ventas
   685,25 = 0,0815 x ventas
   Ventas = 8407,98

4. Un comerciante recibe a fin de mes una comisión de S/1300. Si el total de las ventas realizadas es de S/125 800, ¿qué tanto por ciento de comisión ha recibido?

Solución:

Comisión = 1300
Ventas = 125 800
Comisión = Porcentaje × ventas
1300 = Porcentaje × 125 800
Porcentaje = 1,03 %

5. Un trabajador recibe un aumento de S/368,55, equivalente al 15 % de su sueldo. ¿Cuánto ganaba y cuál es su nuevo sueldo?

Solución:

Aumento = 368,55
Porcentaje = 15 %
Aumento = Porcentaje × sueldo
368,55 = 0,15 x sueldo
Sueldo = 2457

6. Un padre invierte en su hijo S/4570 y ahora le quedan S/3680. ¿Qué tanto por ciento de su capital ha invertido?

Solución:

Inversión = 4570
Le queda = 3680
Capital = 8250
Inversión = Porcentaje × capital
4570 = Porcentaje × 8250
Porcentaje = 4570 / 8250
Porcentaje = 55,39 %

7. Una editora produce los sábados 34 555 periódicos. Si el gerente de producción autoriza que el siguiente sábado se debe producir 46 333 periódicos, ¿en qué tanto por ciento se incrementará la producción?

Solución:

Producción 1 = 34 555
Producción 2 = 46 333
Incremento = Porcentaje × producción 1
46 333 – 34 555 = Porcentaje × 34 555
Porcentaje = 11 778 / 34 555
Porcentaje = 34,08 %

8. Una persona tiene un sueldo de S/2600, que invierte de la siguiente manera: vivienda, 23 %; alimentación, 28,5 %; educación, 20,5 %; transporte, 11,2 %; ocio, 3,45 %; salud, 3,25 %; otros gastos, 3,0 %, y ahorra el resto. ¿Cuánto invierte en cada uno de los sectores propuestos?

Solución:

Vivienda	Alimentación	Educación	Transporte	Ocio	Salud	Otros	Ahorro
23 %	28,5 %	20,5 %	11,2 %	3,45 %	3,25 %	3,0 %	7,1 %
598	741	533	291,2	89,7	84,5	78	184,6

9. Un estudiante gastó durante el primer mes lo siguiente: en la matrícula, el 12 %; en la primera cuota educativa, el 75 %; en útiles, el 5 %, y aún le quedan S/120. ¿Cuánto tuvo inicialmente y cuánto gastó en cada sector?

Solución:

Matrícula	12 %	180
Primera cuota	75 %	1125
Útiles	5 %	75
Le queda	8 %	120
Tuvo inicialmente	100 %	1500

8 % —— S/120

100 % —— S/x

x = 120 / 0,08

x = 1500

10. Una empresa pide S/5000 prestados y acuerda pagarlos en cinco años con un 6 % de interés anual. Se presentan cuatro alternativas para su pago. ¿Cuál es la alternativa que le conviene?

Alternativa 1: Se pagarán S/1000 al final de cada año, más el interés que se debe al final del año por el uso del dinero hasta ese momento.

Alternativa 2: Los pagos que se efectuarán serán solo por los intereses, sin pagar el capital hasta el final de los 5 años.

Alternativa 3: Incluye cinco pagos iguales al final de cada año de S/1187.

Alternativa 4: No se paga absolutamente nada hasta el final del año 5.

Solución:

Alternativa 1: Se pagarán S/1000 al final de cada año más el interés que se debe al final del año por el uso del dinero hasta ese momento.

Año	S/ que se debe al principio del año	Interés que se debe por un año	S/ que se debe al final del año	Pago de capital (C)	Pago total al final del año (C+I)
1	5000	300	5300	1000	1300
2	4000	240	4240	1000	1240
3	3000	180	3180	1000	1180
4	2000	120	2120	1000	1120
5	1000	60	1060	1000	1060
		900		5000	5900

Alternativa 2: Los pagos que se efectuarán serán solo por los intereses, sin pagar el capital hasta el final de los 5 años.

Año	S/ que se debe al principio del año	Interés que se debe por un año	S/ que se debe al final del año	Pago de capital (C)	Pago total al final del año (C+I)
1	5000	300	5300	0	300
2	5000	300	5300	0	300
3	5000	300	5300	0	300
4	5000	300	5300	0	300
5	5000	300	5300	5000	5300
		1500		5000	6500

Alternativa 3: Incluye cinco pagos iguales al final de cada año de S/1187.

Año	S/ que se debe al principio de año	Interés que se debe por un año	S/ que se debe al final del año	Pago de capital (C)	Pago total al final del año (C+I)
1	5000	300	5300	887	1187
2	4113	247	4360	940	1187
3	3173	190	3363	997	1187
4	2176	131	2307	1056	1187
5	1120	67	1187	1120	1187
		935		5000	5935

Alternativa 4: No se paga absolutamente nada hasta el final del año 5.

Año	S/ que se debe al principio del año	Interés que se debe por un año	S/ que se debe al final del año	Pago de capital (C)	Pago total al final del año (C+I)
1	5000	300	5300	0	0
2	5300	318	5618	0	0
3	5618	337	5955	0	0
4	5955	357	6312	0	0
5	5312	379	6691	5000	6691
		1691		5000	6691

Resumen

Alternativa	1	2	3	4
Pago total	5900	6500	5935	6691

Respuesta: Conviene la alternativa 1.

11. Halle la tasa nominal anual equivalente a las tasas:

   a. 2 % mensual

   Solución:

$i = 2\%$ mensual	$r = i \times n$
$n = 12$ (1 año = 12 meses)	$r = 2\% \times 12$
$r = ?$	$r = 24\%$ anual capitalizable mensualmente

   b. 1,5 % semanal

   Solución:

$i = 1{,}5\%$ mensual	$r = i \times n$
$r = ?$	$r = 1{,}5\% \times 52$
$n = 52$ semanas	$r = 78\%$ anual capitalizable semanalmente

   c. 4 % bimensual

   Solución:

$i = 1{,}5\%$ mensual	$r = i \times n$
$r = ?$	$r = 4\% \times 6$
$n = 6$ (1 año = 6 bimeses)	$r = 24\%$ capitalizable bimensualmente

12. Halle la tasa efectiva mensual equivalente a las tasas:

   a. 0,5 % diario

   Solución:

$m = 30$	$j = (1+i)^m - 1$
$i = 0{,}5\%$ diario	$j = (1+0{,}005)^{30} - 1 = 16{,}14\%$ mensual

Calculadora

Para elevar una potencia se usa la tecla *y*, luego, para (1+0,005)30, su valor se obtiene presionando lo siguiente: 1,005 x^y 30 = 1 1614.

   b. 1 % semanal

   Solución:

$i = 1\%$	$j = (1+i)^m - 1$
$j = ?$	$j = (1{,}01)^{4{,}33} - 1$
$m = 4{,}33$	$j = 4{,}40\%$ mensual

c. 2,5 % quincenal

Solución:

$i = 2{,}5\%$ quincenal $\qquad j = (1+i)^m - 1$

$j = ?$ $\qquad j = (1{,}025)^2 - 1$

$n = 2$ quincenas $\qquad j = 5{,}06\%$ mensual

d. 10 % bimensual

Solución:

$j = 10\%$ bimestral $\qquad j = (1+i)^m - 1$

$i = ?$ $\qquad 0{,}10 = (1+i)^m - 1$

$m = 2$ $\qquad \sqrt{1{,}10} = \sqrt{(1+i)^2}$

$i = 4{,}88\%$ mensual

e. 20 % anual capitalizable mensualmente

Solución:

$r = 20\%$ anual capitalizable mensualmente $\qquad n = 12$

$i = r/n = 20/12 = 1{,}67\%$ mensual

f. 15 % anual capitalizable quincenalmente

Solución:

r = 15 % anual capitalizable quincenalmente

Primero halle el % quincenal.

$i = r/n = 15/24 = 0{,}625\,\%$ quincenal

$m = 24$ (1 año = 24 quincenas)

Luego, halle el % mensual.

$j = (1+i)^m - 1 = (1{,}00625)^2 - 1 = 1{,}25\%$ mensual

13. Halle la tasa mensual equivalente a las tasas.

a. 0,3 % diario

Solución:

$i = 0{,}3\%$ diario

$j = (1+i)^m - 1$ $\qquad m = 30$

$j = (1+0{,}003)^{30} - 1 = 9{,}40\%\, m$

b. 0,5 % semanal

Solución:

$i = 0{,}5\%$ semanal $\qquad j = (1+i)^m - 1$

$m = 4{,}33 \qquad j = (1+0{,}005)^{4{,}33} - 1$

c. 10 % trimestral

Solución:

$j = 10\%$ trimestral

$j = (1+i)^m - 1 \qquad m = 3$

$$0{,}10 = (1+i)^3 - 1$$

$$\sqrt[3]{1{,}10} = 1+i$$

$$i = 3{,}23\% \text{ mensual}$$

$$j = 2{,}18\% \text{ mensual}$$

Calculadora

Para hallar la raíz cúbica, presione lo siguiente: $3 \sqrt[x]{y}\ 1{,}1 = 1{,}032280115$

d. 30 % anual

Solución:

$j = 30\%$ anual

$j = (1+i)^m - 1$

$m = 12 \qquad 0{,}30 = (1+i)^{12} - 1$

$$\sqrt[12]{1{,}30} = (1+i)$$

$$i = 2{,}24\% \text{ mensual}$$

e. 12 % anual capitalizable trimestralmente

Solución:

Primero halle la tasa trimestral.

$r = 12\%$ anual capitalizable trimestralmente

$$r = i \times n = \frac{12\%}{4} = 3\% \text{ trimestral}$$

$n = 4$

Luego, halle la tasa mensual.

$i = 3\%$ trimestral $\qquad j = (1+1)^m - 1$

$i = ?\%$ mensual $\qquad 0{,}03 = (1+i)^3 - 1$

$m = 3 \qquad 1{,}03 = (1+i)^3$

$$\sqrt[3]{1{,}03} = \sqrt[3]{(1+i)^3}$$

$$i = 0{,}99\%\, m$$

14. Halle la tasa nominal anual equivalente a la tasa.

a. 0,5 % diario

Solución:

$i=0{,}5\%$ diario $\quad r=i\times n=0{,}5\times 365$

$n=365 \quad r=182{,}5\%$ capitalizable diariamente

b. 1,5 % semanal

Solución:

$i=1{,}5\%$ diario $\quad r=i\times n=1{,}5\times 52$

$n=52 \quad r=78\%$ capitalizable semanalmente

c. 10 % trimestral

Solución:

$i=10\%$ trimestral $\quad r=i\times n$

$r=?$ anual capitalizable trimestralmente $\quad r=10\%\times 4$

$n=4 \quad r=40\%$ capitalizable trimestralmente

d. 3 % mensual capitalizable diariamente

Solución:

$r=3$ % mensual capitalizable diariamente

Primero halle el % diario.

$i=r/n=3/30=0{,}1$ % diario

Luego, halle el % nominal.

$r=i\times n=0{,}1\ \%\times 365=36{,}5$ % anual capitalizable diariamente

15. Halle la tasa trimestral y la tasa anual equivalente al 3 % mensual.

Solución:

Trimestral	Anual
$i=3\%$ mensual	$i=3\%$ mensual
$m=3$	$m=13$
$j=?\%$ trimestral	$j=?\%$ anual
$j=(1+i)^m-1$	$j=(1+i)^m-1$
$j=(1+0{,}03)^3-1$	$j=(1+0{,}03)^{12}-1$
$j=9{,}27\%$ trimestral	$j=42{,}58\%$ anual

16. Halle la tasa mensual correspondiente a la tasa del 20 % bimestral capitalizable bimensualmente.

Solución:

r = 20 % bimestral capitalizable bimensualmente

i = ? % mensual

Primero halle la tasa efectiva.

$i = r/n = 20/1 = 20$ % bimestral

Luego, la tasa bimestral se convierte en tasa mensual.

$j = 20\%$ bimestral $\qquad j = (1+i)^m - 1$

$i = ?$ mensual $\qquad 0{,}20 = (1+i)^2 - 1$

$$\sqrt{1{,}2} = (1+i)$$

$$i = 9{,}54\% \text{ mensual}$$

17. Dada una tasa nominal del 36 %, se pide hallar la tasa efectiva anual cuando el periodo de capitalización es semestral, trimestral, bimestral, mensual, diario, por hora, por minuto, por segundo y elaborar, luego, un cuadro comparativo corriente.

Solución:

a. 36 % anual capitalizable semestralmente

Paso I: Halle el % semestral.

$r = 36\%$ anual capitalizable semestralmente

$i = ?\%$ anual $\qquad n = 2 \qquad$ (1 año = 2 semestres)

$$i = \frac{r}{n} = \frac{36}{2} = 18\% \text{ semestral}$$

Paso II: Halle el % anual.

$i = 18\%$ semestral

$j = ?\%\, a \qquad m = 2$

$$j = (1+i)^m - 1 = (1+0{,}18)^2 - 1 = 39{,}24\%$$

b. 36 % anual capitalizable trimestralmente

Paso I: Halle el % trimestral.

$r = 36\%$ anual capitalizable trimestralmente

$i = ?\%$ anual $\qquad n = 4 \qquad$ (1 año = 4 trimestres)

$$i = \frac{r}{n} = \frac{36}{4} = 9\% \text{ trimestral}$$

Paso II: Halle el % anual.

$i = 9\%$ trimestral

$j = ?\%$ anual $\qquad m = 4$

$$j = (1+i)^m - 1 = (1+0{,}09)^4 - 1 = 41{,}16\% \text{ anual}$$

c. 36 % anual capitalizable bimestralmente

Paso I: Halle el % bimestral.

$r = 36\%$ anual capitalizable bimestralmente

$i = ?\%$ a $\qquad n = 6 \qquad (1\text{ año} = 6\text{ bimestres})$

$$i = \frac{r}{n} = \frac{36}{6} = 6\%\text{ bimestral}$$

Paso II: Halle el % anual.

$i = 6\%$ bimestral

$j = ?\%$ anual $\qquad m = 6$

$$j = (1+i)^m - 1 = (1+0{,}06)^6 - 1 = 41{,}85\%\text{ anual}$$

d. 36 % anual capitalizable bimestralmente

Paso I: Halle el % mensual.

$r = 36\%$ anual capitalizable mensualmente

$i = ?\%$ anual $\qquad n = 12 \qquad (1\text{ año} = 12\text{ meses})$

$$i = \frac{r}{n} = \frac{36}{12} = 3\%\text{ bimestral}$$

Paso II: Halle el % anual.

$i = 3\%$ bimestral

$j = ?\%$ anual $\qquad m = 12$

$$j = (1+i)^m - 1 = (1+0{,}03)^{12} - 1 = 42{,}58\%\text{ anual}$$

e. 36 % anual capitalizable diariamente

Paso I: Halle el % diario.

$r = 36\%$ anual capitabilizable diariamente

$i = ?\%$ anual $\qquad n = 365 \qquad (1\text{ año} = 365\text{ días})$

$$i = \frac{r}{n} = \frac{36}{365} = 0{,}0986 = 0{,}10\%\text{ diario}$$

Paso II: Luego, halle el % anual.

$i = 0{,}10\%$ diario

$j = ?\%$ anual $\qquad m = 365$

$$j = (1+i)^m - 1 = (1+0{,}001)^{365} - 1 = 44{,}03\%\text{ anual}$$

f. 36 % anual capitalizable por hora

Paso I: Halle el % por hora.

$r = 36\%$ anual capitalizable por hora

$i = ?\%$ anual $\qquad n = 8640 \qquad (1\text{ año} = 8640\text{ horas})$

$$i = \frac{r}{n} = \frac{36}{8640} = 0{,}0042\%\text{ por hora}$$

Paso II: Luego, halle el % anual.

$i = 0{,}0042\%$ por hora

$j = ?\%$ anual $\quad m = 8640 \quad (1 \text{ año} = 8640 \text{ horas})$

$$j = (1+i)^m - 1 = (1+0{,}000042)^{8640} - 1$$

$j = 43{,}74\%$ anual

18. Dada una tasa nominal del 40 %, se pide hallar la tasa equivalente semestral y trimestral si la capitalización es semestral en un caso y si la capitalización es trimestral en el otro caso. También se pide elaborar un cuadro comparativo.

Solución:

a. 40 % anual capitalizable semestralmente

Paso I: Halle el % semestral.

$r = 40\%$ anual capitalizable semestralmente

$i = ?\%$ semestral $\quad n = 2 \quad (1 \text{ año} = 2 \text{ semestres})$

$$i = \frac{r}{n} = 20\% \text{ semestral}$$

Paso II: Halle el % trimestral. Considere que j = 20 % semestral.

$i = ?\%$ trimestral $\quad m = 2 \quad (1 \text{ semestre} = 2 \text{ trimestres})$

$$j = (1+i)^m - 1$$

$$0{,}2 = (1+i)^2 - 1$$

$i = 9{,}54\%$ trimestral

b. 40 % anual capitalizable trimestralmente

Paso I: Halle el % trimestral.

$r = 40\%$ anual capitalizable trimestralmente

$i = ?\%$ trimestral $\quad n = 4 \quad (1 \text{ año} = 4 \text{ trimestres})$

$$i = \frac{r}{n} = 10\% \text{ trimestral}$$

Paso II: Halle el % semestral.

$i = 10\%$ trimestral

$j = ?\%$ semestral $\quad m = 2 \quad (1 \text{ semestre} = 2 \text{ trimestres})$

$$j = (1+i)^m - 1 = (1+0{,}1)^2 - 1 = 21\% \text{ semestral}$$

c. Cuadro comparativo

Caso I	Caso II
r = 40 % anual capitalizable semestralmente	r = 40 % anual capitalizable trimestralmente
i = 9,54 % trimestral	i = 10 % trimestral
j = 20 % semestral	j = 21 % semestral

d. Se pide determinar la mejor alternativa financiera, para lo cual se cuenta con las siguientes fuentes de financiamiento:

Fuente de financiamiento	Tasa nominal	Capitalización
Banco A	45 %	Semestral
Banco B	35 %	Mensual
Banco C	40 %	Trimestral

Solución:

Banco A: $r = 45$ % anual capitalizable semestralmente
$i = 45$ %/2 = 22,5 % semestral
$j = 50{,}06$ % anual

Banco B: $r = 35$ % anual capitalizable mensualmente
$i = 35$ %/12 = 2,92 % mensual
$j = 41{,}23$ % anual

Banco C: $r = 40$ % anual capitalizable trimestralmente
$i = 40$ %/4 = 10 % trimestral
$j = 46{,}41$ % anual
$i = 10$ % trimestral

Respuesta: La mejor alternativa sería la B por ser acreedor de más intereses.

Problemas propuestos

1. Halle el
   - a. 15 % de 600.
   - b. 12 % de 1300.
   - c. 25 % de 500.
   - d. 5 % de 480.
   - e. 30 % de 1560.
   - f. ⅘ % de 2500.
   - g. 33 ⅓ % de 150.
   - h. 10 % de 180,5.
   - i. 12,5 % de 356,4.
2. Qué tanto por ciento de
   - a. 700 es 35.
   - b. 3850 es 539.
   - c. 900 es 135.
   - d. 800 es 50.
   - e. 1200 es 360.
   - f. 1840 es 441,6.
   - g. 180 000 es 22 500.
   - h. 820,4 es 615,3.
   - i. 4800 es 600.
3. Calcule de qué número es
   - a. 52 el 4 %.
   - b. 1179 el 15 %.
   - c. 660 el 12 %.
   - d. 6175,5 el 30 %.
   - e. 3900,6 el 75 %.
   - f. 888 el 18,5 %.
   - g. 6710 el 8 1/3 %.
   - h. 1875 el 12,5 %.
   - i. 1285,2 el 23,8 %.
4. De qué número es
   - a. 258 el 20 % más.
   - b. 907,5 el 21 % más.
   - c. 4800 el 20 % más.
   - d. 1215 el 35 % más.
   - e. 918 el 12 ½ % más.
   - f. 2875 el 15 % más.
   - g. 2152 el 33 ⅓ % más.
   - h. 826 el 3 ¼ % más.
   - i. 6200 el 25 % más.
5. De qué número es
   - a. 276 el 8 % menos.
   - b. 780 el 25 % menos.
   - c. 920 el 54 % menos.
   - d. 6091,24 el 1 ½ % menos.
   - e. 7540 el 5 ¾ % menos.
   - f. 3000 el 6 ⅔ % menos.
6. Halle la tasa equivalente en cada uno de los casos siguientes:
   - a. 20 % y 18 % de recargo
   - b. 12 % y 15 % de recargo
   - c. 8 % y 10 % de rebaja
   - d. 15 % de recargo y 8 % de rebaja
   - e. 10 % de recargo y 18 % de rebaja
   - f. 5 % y 8 % de rebaja
   - g. 20 %, 8 % y 10 % de recargo
   - h. 18 %, 15 % y 30 % de recargo
   - i. 5 %, 8 % y 4 % de rebaja

7. Al afectar un producto con el 20 % y el 35 % de recargo y otra tercera tasa, se obtiene una tasa equivalente del 48%. Halle la tercera tasa y responda si es de recargo o de rebaja.
8. Al afectar un producto con el 30 % de recargo y el 8% de rebaja y otra tercera tasa, se obtiene una tasa equivalente del 7,64 %. Halle la tercera tasa y responda si es de recargo o de rebaja.
9. Al afectar un producto con el 20 % de recargo y el 30 % de rebaja y otra tercera tasa, se obtiene una tasa equivalente del 9,28 %. Halle la tercera tasa y responda si es de recargo o de rebaja.
10. Al afectar un producto con el 8 % y el 10 % de recargo y otra tercera tasa, se obtiene una tasa equivalente del 4,96 %. Halle la tercera tasa y responda si es de recargo o de rebaja.
11. Si el coste de un producto es de S/80 y se le recarga por diversos conceptos con el 5 % y 8 %, halle el precio de venta.
12. Si el coste de un artículo es de S/120 y se le rebaja por diversos conceptos el 5 % y el 10 %, halle el precio de venta.
13. El coste de un artículo es de S/400, luego, se le recarga el 15 % y, después, se vende con una rebaja del 8 %. Halle el precio de venta.
14. Si el coste de un artículo es de S/520 y, luego, se le rebaja por diversos conceptos el 2 % y el 5 %, ¿gana o pierde? ¿Cuánto?

Respuesta de los problemas propuestos

N.°	A	B	C	D	E	F	G	H	I
1	90,00	156,00	125,00	24,00	468,00	20,00	50,00	18,05	44,55
2	5,00	14,00	15,00	6,25	30,00	24,00	12,50	75,00	12,50
3	1300,00	7860,00	5000,00	20 585,00	5200,00	4800,00	24 851,85	15 000,00	5400,00
4	215,00	750,00	4000,00	900,00	816,00	2500,00	1614,00	800,00	1037,96
5	300,00	1040,00	2000,00	6184,00	8000,00	3214,29			
6	41,60 %	28,80 %	–17,20 %	5,80 %	–9,80 %	–12,60 %	42,56 %	76,41 %	–16,10 %
7	0,9136	8,64 %	Rebaja						
8	0,9000	10,00 %	Rebaja						
9	1,3010	30,10 %	Recarga						
10	0,8835	11,65 %	Rebaja						
11	90,72								
12	102,60								
13	423,20								
14	484,12	–35,88	Pierde						

LECTURA

Siete consideraciones sobre el dinero

1. Las comparaciones de dinero a través del tiempo deben hacerse en un mismo instante. Cualquier unidad de tiempo puede considerarse como base a efectos de la comparación, generalmente, el tiempo cero o presente.
2. Siempre deberá tenerse en cuenta una tasa de interés, pues esta modifica el valor del dinero en el tiempo.
3. El principal medio de intercambio y de denominación de operaciones mercantiles es el dinero.
4. El dinero es considerado como un bien bastante escaso, por lo que la principal tarea es la administración y organización del efectivo.
5. El dinero genera intereses si es invertido o prestado a un plazo determinado y si se pacta con una tasa de interés.
6. Si se habla de la inversión en un bien, este se puede modificar por sus características físicas o ganar plusvalía.
7. El dinero que no se invierte, con el que no "se hace nada", se verá afectado por el poder adquisitivo (inflación), ya que esa cantidad podría servir para hacer una compra hoy que si se posterga para el futuro, porque tal vez ya no alcance.

Fuente: Elaboración propia.

Autoevaluación

1. Una definición de tasa de interés es
   a. la fracción del capital que se paga por la unidad del tiempo por concepto de interés.
   b. el porcentaje fijado por los bancos y financieras.
   c. el porcentaje que depende de la devaluación.
   d. la ganancia o pérdida que se genera con el transcurso del tiempo.
   e. la ganancia que se genera con los préstamos, depósitos o inversiones.
2. Halle la tasa de interés necesaria para que un capital se quintuplique durante 2 años, 4 meses y 15 días.
   a. 11,01
   b. 12,02
   c. 13,03
   d. 14,04
   e. 15,05
3. Halle la tasa de interés necesaria para que un capital se octuplique durante 6 años, 6 meses y 6 días.
   a. 8,95
   b. 9,85
   c. 10,75
   d. 11,65
   e. 12,55
4. Relacione los conceptos con su respectiva definición.

A Tasa de interés compuesto	☐ Los bancos aplican a los ahorros.
B Tasa de interés pasiva	☐ Cuando los intereses se capitalizan.
C Tasa de interés efectiva	☐ Es la tasa autorizada por el BCR.
D Tasa de interés nominal	☐ Se aplica en las fórmulas financieras.
E Tasa de interés simple	☐ Cuando los intereses no se capitalizan.

   a. ABCDE
   b. BADCE
   c. DBACE
   d. CBADE
   e. EADCE
5. Si el coste de un artículo es de S/880 y se le recarga por diversos conceptos el 5 % y el 10 %, ¿gana o pierde? ¿Cuánto?
   a. Gana 134,4.
   b. Gana 135,4.
   c. Gana 136,4.
   d. Gana 137,4.
   e. Pierde 134,4.

6. Si el coste de un artículo es de S/1200 y se le recarga por diversos conceptos el 4 % y el 6 %, y, luego, al venderlo se le rebaja el 8 %, ¿gana o pierde? ¿Cuánto?

   a. Gana 14,05.
   b. Gana 15,05.
   c. Gana 16,05.
   d. Gana 17,05.
   e. Pierde 18,05.

7. Si el coste de un producto es de S/1500 y se le recarga por diversos conceptos el 4 % y el 8 %, y, luego, al venderlo se le rebaja el 15 %, ¿gana o pierde? ¿Cuánto?

   a. Gana 120,16.
   b. Gana 122,16.
   c. Gana 125,16.
   d. Pierde 152,16.
   e. Gana 152,16.

8. Si el coste de un artículo es de S/1000 y se le recarga por diversos conceptos el 5 % y el 10 %, y, luego, al venderlo se le rebaja el 20 %, ¿gana o pierde? ¿Cuánto?

   a. Gana 79.
   b. Gana 78.
   c. Gana 77.
   d. Gana 76.
   e. Pierde 76.

9. Si tres personas se asocian con un capital de S/6000, de modo que la primera coloca el 30 % y la segunda el 9/20, ¿cuánto colocó la tercera persona?

   a. 1800
   b. 1700
   c. 1600
   d. 1500
   e. 1400

10. Después de que tres personas repartan el beneficio de un negocio, a la primera le correspondieron S/4875, a la segunda el 30 % y a la tercera los 3/8. ¿Cuánto le correspondió a la segunda persona?

    a. 4875
    b. 4500
    c. 5625
    d. 5400
    e. 6400

Respuestas de la autoevaluación

1. a   2. d   3. a   4. b   5. c   6. d   7. d   8. e   9. d   10. b

Exploración en línea

www.youtube.com/watch?v=rwVAXosGdmc
www.youtube.com/watch?v=MQDxGd0Yk88
www.youtube.com/watch?v=n6_fZXsbn_A

"Nada es casual, todo es causal".
El Kybalión y los 7 principios herméticos (3000 a. C.)

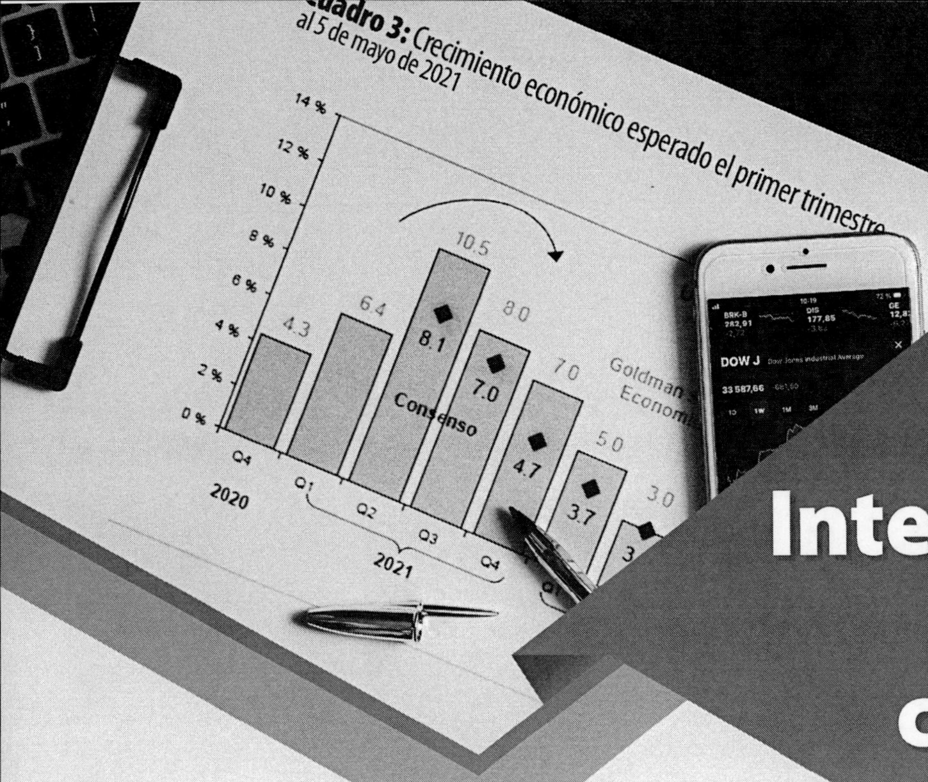

CAPÍTULO 2

Interés simple e interés compuesto

Propósito

Adquirir habilidades y destrezas en la resolución de problemas de interés simple e interés compuesto.

Objetivos

» Definir y calcular los factores que intervienen en el interés simple e interés compuesto para hallar las cuantías pertinentes.
» Tomar decisiones a partir de los resultados encontrados.

Contenido

6. Interés. Interés simple. Elementos.
7. Interés compuesto. Elementos.

El valor del dinero en el tiempo

Desde tiempos remotos, el hombre ha realizado negocios utilizando diversos medios de intercambio. En el Tahuantinsuyo, los incas usaron el trueque. Con la aparición del dinero, se presentó un problema: el valor del dinero en el tiempo. Este problema motivó a los matemáticos y comerciantes a crear las fórmulas para lograr un entendimiento entre los habitantes de todos los pueblos y así nacieron las **matemáticas financieras**. Desde hace 2000 años se usa el interés simple y cientos de años el interés compuesto, de modo que mejoró la precisión. Con el advenimiento de los ordenadores se lograron cálculos rápidos. Lo que antes tardaba horas en calcularse ahora es instantáneo y se puede simular el valor del dinero en el tiempo con precisión.

2.1 Interés e interés simple

2.1.1 Interés

El interés o rendimiento es la ganancia o pérdida que genera un capital al depositarse en una institución financiera durante un periodo *n* y con una tasa de interés *i*. Es la diferencia entre el valor de adquisición de un activo y el valor final recibido en su venta.

$$\text{Interés} = \text{valor final de activo} - \text{valor inicial del activo}$$

Los préstamos, depósitos o inversiones mediante una operación, ya sea comercial, bancaria o financiera, generan intereses solo con el transcurso del tiempo. Por lo tanto, el interés es una función del tiempo. Se dice que el interés es lo que un individuo o institución paga a otro por el uso de una cierta cantidad de dinero tomada en préstamo.

A. Interés simple

Es la ganancia o pérdida en que los intereses devengados en un periodo no ganan intereses en el periodo siguiente.

Es la operación financiera que se obtiene de multiplicar el capital, el tiempo y la tasa de interés (Acosta Malpica, 2004).

$$I = C \cdot i \cdot n$$

Fórmula 2.1

a. Elementos, diagrama de flujo de caja

M = es el valor del capital al finalizar el periodo de inversión
C = capital inicial invertido
i = tasa de interés
n = número de periodos en que se invirtió el capital
I = interés

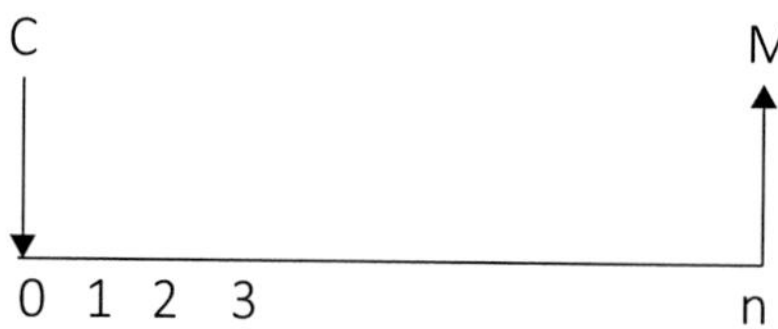

Regla de oro para resolver un problema financiero:

1. Deben conocerse tres datos como mínimo.
2. Deben igualarse las unidades de tiempo.

Problemas resueltos

1. Si deposita hoy S/5000 en una cuenta que paga el 2 % mensual de interés simple y no retira los intereses mensualmente, entonces, al cabo de tres meses, ¿cuánto tendrá acumulado?

   Solución:

   Cantidad acumulada = 5000 + 0,02(5000) + 0,02(5000) + 0,02(5000)

   Cantidad acumulada = 5300

2. Halle el interés y la cuantía que produce un capital de S/10 000 durante un año y con una tasa de interés del 3 % mensual.

   Solución:

Datos	Cálculos
I = ?	$I = C \cdot i \cdot n$
M = ?	$I = 10\,000 \times 0{,}03 \times 12$
C = S/10 000	I = S/3600
$n = 1$ año = 12 meses	M = C + I
$i = 3$ % mensual = 0,03	M = S/13 600

3. ¿Durante cuánto tiempo un capital se triplica con una tasa de interés del 2 % mensual?

   Solución:

Datos	Cálculos
M = 3C	$I = C \cdot i \cdot n$
3C = C + I	$2C = C \times 0{,}02 \times n$
I = 2C	$n = 100$ meses = 96 meses + 4 meses
$n = ?$	

4. ¿Con qué tasa de interés un capital se quintuplica durante 10 años más 5 meses y 15 días?

   Solución:

Datos	Cálculos
$i = ?$	$I = C \cdot i \cdot n$
M = 5C	$4C = C \cdot i \times 125{,}5$
$n = 10$ años + 5 meses + 15 días = 125,5 meses	$i = 0{,}0319$
M = C + I	$i = 3{,}19$ % mensual

5. Halle el capital que produce una cuantía de S/12 000 durante 11 meses y con una tasa de interés del 1,5 % mensual.

Solución:

Datos	Cálculos
$M = 12\,000$	$I = C \cdot i \cdot n$
$n = 11$ meses	$12\,000 - C = C(0{,}015)11$
$i = 1{,}5\,\%$ mensual	$12\,000 = 0{,}165C + C$
$C = ?$	$12\,000 = 1{,}165C$
$I = M - C = 12\,000 - C$	$C = S/10\,300{,}43$

6. Halle el interés y la cuantía que produce un capital de S/5000 durante 8 semanas y con una tasa de interés del 2 % mensual.

Solución:

Datos	Cálculos
$I = ?$	$I = C \cdot i \cdot n$
$M = ?$	$I = 5000 \times 1{,}86 \times 0{,}02$
$C = S/5000$	$I = S/186$
$n = 8\text{ sem}\left[\dfrac{1\text{ m}}{4{,}33\text{ sem}}\right] = 1{,}85$	$M = C + I$
$i = 2\,\% = 0{,}02$	$M = S/5186$

7. ¿Con qué tasa de interés un capital se triplica durante 2 semestres más 2 semanas?

Solución:

Datos	Cálculos
$i = ?$	$I = C \cdot i \cdot n$
$n = 54$ semanas	$2C = C \cdot i(54)$
$C =$ capital	$i = 0{,}0370$
$M = 3C$	$i = 3{,}7\,\%$ semanal
$I = 2C$	

Observación importante

Puede trabajarse en cualquier unidad de tiempo: diario, semanal, quincenal, mensual, bimestral, trimestral, semestral, anual, etc.

El interés **comercial** u **ordinario** considera el año de 360 días, mientras que el interés real o **exacto** considera el año de 365 días.

B. Interés compuesto

Es la ganancia o pérdida que genera un capital al depositarse durante un periodo y bajo una tasa de interés. En el interés simple, el capital se incrementa al final del periodo; en el interés compuesto, el capital se incrementa en cada unidad de tiempo.

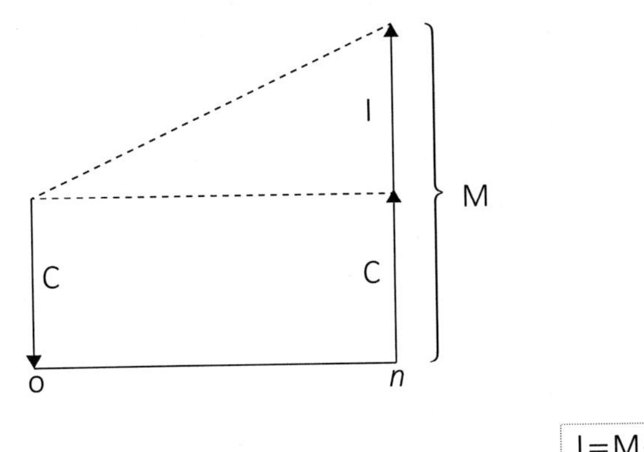

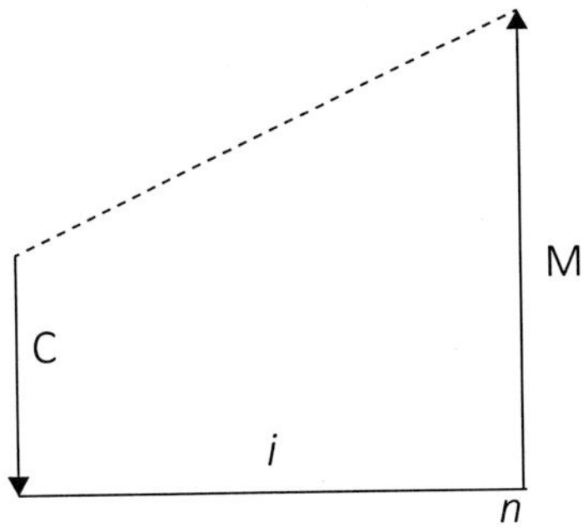

$$I = M - C$$ **Fórmula 2.2**

$$M = C(1+i)^n$$ **Fórmula 2.3**

b. Elementos

Se tiene una inversión inicial de S/100 en un instrumento bancario a plazo fijo, que paga el 16 % de interés simple anual.

Solución:

En el interés simple, los intereses no generan intereses.

Interés	= 16 % de S/100	=	16
+ Capital invertido		=	100
Capital + intereses			S/116

EJEMPLO

Con los mismos datos anteriores calcule la capitalización si los intereses son reinvertidos durante un plazo de 7 años con la misma tasa de interés.

Solución:

Interés simple

Capital original	Fin del periodo	Cálculo del capital más el interés	Capital con interés simple
100 000	1	100 000(1 + 0,16 × 1)	116 000
100 000	2	100 000(1 + 0,16 × 2)	132 000
100 000	3	100 000(1 + 0,16 × 3)	148 000
100 000	4	100 000(1 + 0,16 × 4)	164 000
100 000	5	100 000(1 + 0,16 × 5)	180 000
100 000	6	100 000(1 + 0,16 × 6)	196 000
100 000	7	100 000(1 + 0,16 × 7)	212 000

Interés compuesto

Capital original	Fin del periodo	Cálculo del capital más el interés	Capital con interés compuesto
100 000	1	$100\,000(1 + 0{,}16)^1$	116 000
100 000	2	$100\,000(1 + 0{,}16)^2$	134 560
100 000	3	$100\,000(1 + 0{,}16)^3$	156 089
100 000	4	$100\,000(1 + 0{,}16)^4$	181 063
100 000	5	$100\,000(1 + 0{,}16)^5$	210 034
100 000	6	$100\,000(1 + 0{,}16)^6$	243 639
100 000	7	$100\,000(1 + 0{,}16)^7$	282 621

Diferencia fundamental

La diferencia fundamental entre el interés simple y el interés compuesto estriba en el hecho de que cuando se utiliza el interés compuesto, los intereses incorporados al capital (capitalizados) pierden el carácter de interés en la masa del capital. Es el capital el que genera intereses; mientras que cuando se utiliza el interés simple, los intereses están en función únicamente de la cantidad principal, el número de periodos y la tasa de interés. Es decir, en el interés compuesto, el capital se capitaliza; mientras que en el interés simple, el capital no se capitaliza. En la actualidad, todas las entidades financieras utilizan el interés compuesto.

Problemas resueltos

1. Halle el interés y la cuantía que produce un capital de S/15 000 durante 2 años y con una tasa de interés del 2 % mensual, tanto para el interés simple como para el interés compuesto.

Solución:

Datos	I. simple	I. compuesto
$C = S/15\,000$ $n = 2$ años $= 24$ meses $i = 2$ % mensual	$I = C \cdot i \cdot n$ $I = 15\,000 \times 0{,}02 \times 24$ $I = S/7200$ $M = C + I$ $M = S/22\,200$	$M = C(1+i)^n$ $M = 15\,000(1+0{,}02)^{24}$ $M = S/24\,126{,}56$ $I = M - C$ $I = S/9126{,}56$

2. Halle la tasa de interés para que un capital se quintuplique durante 3 años más 20 días.

Solución:

Datos	I. simple	I. compuesto
$n = 3$ años $+ 20$ días $n = 36 \text{ meses} + \left(\frac{20}{30}\right) \text{meses}$ $n = 36{,}67$ meses $M = 5C$ $I = 4C$	$I = C \cdot i \cdot n$ $4C = C \cdot i \cdot (36{,}67)$ $i = 0{,}1091$ $i = 10{,}91$ % mensual	$M = C(1+i)^n$ $5C = C(1+i)^{36{,}67}$ $\sqrt[36{,}67]{5} = (1+i)$ $i = 4{,}49$ % mensual

3. Halle el tiempo necesario para que un capital se cuadruplique con una tasa de interés del 1,8 % mensual.

Solución:

Datos	I. simple	I. compuesto
$M = 4C$ $I = 3C$ $i = 1{,}8$ % mensual	$I = C \cdot i \cdot n$ $3C = C \cdot (0{,}018) \cdot n$ $n = 166{,}67$ meses $n = 13$ años $+ 10$ meses $+ 20$ días	$M = C(1+i)^n$ $4C = C(1{,}018)^n$ $4 = (1{,}018)^n$ $\ln 4 = n \cdot \ln(1{,}018)$ $n = 77{,}71$ meses $n = 6$ años $+ 5$ meses $+ 21$ días

4. Halle la tasa de interés para que un capital se sextuplique durante 5 años más 10 meses.

Solución:

Datos	I. simple	I. compuesto
$M=6C$ $I=6C-C=5C$ $n=70$ meses	$I=C\cdot i\cdot n$ $5C=C\cdot i\cdot(70)$ $i=0{,}07143$ $i=7{,}14\ \%$ mensual	$M=C(1+i)^n$ $6C=C(1+i)^{70}$ $\sqrt[70]{6}=(1+i)$ $i=2{,}59\ \%$ mensual

5. Halle el interés y la cuantíua que produce un capital de 8000 durante 3 trimestres.

Solución:

Datos	I. simple	I. compuesto
$C=8000$ $i=1{,}5\ \%$ mensual $n=9{,}46$ meses	$I=C\cdot i\cdot n$ $I=(8000)(0{,}15)(9{,}46)$ $I=S/1135{,}2$ $M=C+I$ $M=S/9135{,}2$	$M=8000(1{,}015)^{9{,}46}$ $M=S/9209{,}98$ $I=M-C$ $I=S/1209{,}98$

6. ¿Qué tiempo ha transcurrido para que un capital de S/5000 se transforme en S/9500 con una tasa de interés del 1,2 % mensual?

Solución:

Datos	I. simple	I. compuesto
$C=5000$ $M=9500$ $I=M-C=4500$ $i=1{,}2\ \%$ mensual	$I=C\cdot i\cdot n$ $4500=5000\times 0{,}012\times n$ $4500=60\,n$ $n=75$ meses $n=6$ años, 3 meses	$9500=5000(1{,}012)^n$ $1{,}9=(1{,}012)^n$ $\ln 1{,}9=\ln(1{,}012)^n$ $\ln 1{,}9=n\cdot\ln(1{,}012)$ $n=53{,}81$ meses $n=48$ meses $+5$ meses $+0{,}81$ meses $n=4$ años $+5$ meses $+24$ días

7. Decida qué alternativa es la mejor para comprar una nevera:

Alternativa A: Al contado= S/666
Alternativa B: Con crédito = Inicial de S/400 más 5 cuotas de S/30 c/u

Considere COK = 1,5 % mensual (Tasa promedio del mercado)

Solución:

Alternativa al contado: $Va = 666$
Alternativa con crédito: $Va = V_0 + V_1 + V_2 + V_3 + V_4 + V_5$

donde $V_0 = 400$

V_i = Valor actual de S/30 de mes i (Donde i = 1, 2, 3, 4, 5)

$$Va = 400 + \frac{30}{(1+0{,}015)^1} + \frac{30}{(1+0{,}015)^2} + \frac{30}{(1+0{,}015)^3} + \frac{30}{(1+0{,}015)^4} + \frac{30}{(1+0{,}015)^5}$$

$Va = 543{,}48$

Respuesta: Le conviene comprar con crédito.

8. Un prestatario puede cancelar una deuda pagando S/8000 en la fecha o pagando S/10 000 dentro de 5 años. ¿Qué opción le conviene elegir si la tasa anual es del 5 % convertible semestralmente?

Solución:

Alternativa A: Al contado

Alternativa B: Con crédito

r = 5 % anual capitalizable semestral (nominal)

i = 5 %/2 = 2,5 % semestral (efectiva)

$$Vf = Va(1+i)^n$$

$$Va = \frac{Vf}{(1+i)^n}$$

Con la tasa efectiva calcule el valor actual de 10 000.

$$Va = \frac{Vf}{(1+i)^n} = \frac{10\,000}{(1+0{,}025)^{10}} = 7811{,}98$$

Respuesta: Le conviene pagar con crédito.

9. ¿A qué tasa nominal capitalizable mensualmente la cantidad de S/3250 se convierte en S/4000 dentro de 8 años?

Solución:

$r = ?$ % anual capitalizable mensualmente

$V_a = 3250$

$V_f = 4000$

$n = 8$ años $= 96$ meses

$$V_f = V_a(1+i)^n$$

$$4000 = 3250(1+i)^{96}$$

$$(1+i) = \sqrt[96]{\frac{4000}{3250}}$$

$i = 0{,}22$ % mensual

Luego, halle la tasa nominal: $r = i \times n$ = (0,22) (12)

r = 2,64 % anual capitalizable mensualmente

10. ¿En qué tiempo un capital se duplicará si se coloca al 10 % de interés? (para interés simple e interés compuesto).

Solución:

Datos	I. simple	I. compuesto
$C = \text{capital}$	$I = C \cdot i \cdot n$	$M = C(1+i)^n$
$M = 2C$	$C = C \cdot i \cdot n$	$2C = C(1+0{,}10)^n$
$I = C$	$n = 10$ años	$\ln 2 = \ln(1{,}1)^n$
$i = 10\ \%$		$\ln 2 = n \ln(1{,}1)$
$n = ?$		$n = 7{,}2725$
		$n = 7$ años, 3 meses, 8 días

Autoevaluación

PREGUNTAS DE CONOCIMIENTO, ANÁLISIS Y SÍNTESIS

1. Responda si es verdadero (V) o falso (F).

   ☐ La tasa de interés es la fracción del capital que se paga por la unidad del tiempo por concepto de interés.

   ☐ La tasa de interés es el porcentaje fijado por los bancos y financieras.

   ☐ La tasa de interés es el porcentaje que depende de la devaluación.

   ☐ El interés es la ganancia o pérdida que se genera con el transcurso del tiempo.

   a. VFFV
   b. VVVV
   c. FFFF
   d. FVVF
   e. VFVF

2. Responda si es verdadero (V) o falso (F).

   ☐ El interés es la ganancia que se genera con los préstamos, depósitos o inversiones.

   ☐ El interés es la diferencia entre el valor futuro y el valor nominal.

   ☐ Para resolver un problema de descuento se deben conocer tres datos.

   ☐ El interés compuesto siempre es mayor que el interés simple para los mismos datos.

   a. VFFV
   b. VVVV
   c. FFFF
   d. FFVV
   e. VFVF

PREGUNTAS DE DESARROLLO, ANÁLISIS Y SÍNTESIS

3. Halle la tasa de interés compuesto anual para que un capital se sextuplique durante 5 años más 2 meses más 10 días.

   a. 44,19 % a
   b. 43,19 % a
   c. 42,19 % a
   d. 41,19 % a
   e. 40,19 % a

4. ¿En qué tiempo un capital se octuplica bajo una tasa de interés compuesto del 0,5 % semanal?
   a. 8 a/1 m/21 d
   b. 8 a/1 m/19 d
   c. 8 a/1 m/17 d
   d. 8 a/0 m/15 d
   e. 8 a/0 m/6 d
5. Una persona quiere comprar un ordenador Pentium IV y recibe dos ofertas:
   a. Al contado: $1150
   b. Con crédito: inicial de $500 más 2 cuotas de $350 c/u

   Se sabe que la compra fue con crédito. ¿Cuánto realmente estaría pagando hoy si la tasa promedio del mercado es 2,5 % trimestral?
   a. 1174,60
   b. 1138,60
   c. 1128,60
   d. 1118,00
   e. 1200,00
6. Halle la tasa de interés mensual compuesto para que un capital se quintuplique durante 3 años más 20 días.
   a. 4,39 % m
   b. 4,49 % m
   c. 4,59 % m
   d. 4,69 % m
   e. 4,79 % m
7. Halle el tiempo para que un capital se cuadruplique bajo una tasa de interés compuesta de 1,8 % mensual.
   a. 6 a/5 m/21 d
   b. 6 a/5 m/19 d
   c. 6 a/5 m/17 d
   d. 6 a/5 m/15 d
   e. 6 a/5 m/13 d
8. Halle la tasa de interés mensual compuesto correspondiente a la tasa del 20 % semestral capitalizable bimensualmente.
   a. 2,28 % m
   b. 3,28 % m
   c. 4,28 % m
   d. 5,28 % m
   e. 6,28 % m
9. ¿Cuánto realmente estaría pagando hoy una persona si la tasa promedio del mercado es del 1,5 % mensual por la compra de una nevera industrial y pagara $400 al contado más 5 cuotas de $30 c/u.
   a. 536,48
   b. 538,48
   c. 540,48
   d. 543,48
   e. 550,00

10. ¿Al cabo de cuánto tiempo una inversión de $800 se convierte en $1250 si el rendimiento del dinero es del 18,5 % nominal capitalizable mensualmente?

a. 19 m
b. 18 m
c. 17 m
d. 16 m
e. 15 m

Respuestas de la autoevaluación

1. a 2. d 3. d 4. e 5. a 6. b 7. a 8. b 9. d 10. e

Exploración en línea
www.youtube.com/watch?v=VfQdrVSnZos
www.youtube.com/watch?v=1phoIQZxToI

"A veces la respuesta germina lentamente y florece, Dios sabe cómo, en otras orillas, en otros tiempos. Pero florece infaliblemente".
Autor desconocido

CAPÍTULO 3

Descuento simple y descuento compuesto

Propósito

Lograr rapidez y precisión en los cálculos de los descuentos simple y compuesto.

Objetivos

- Diferenciar y aplicar en diversos casos las operaciones de descuento simple y compuesto.
- Tomar decisiones a partir de los resultados encontrados.

Contenido

8. Descuento. Descuento simple. Tipos: comercial y racional.
9. Descuento compuesto. Tipos: comercial y bancario.

Las alternativas en finanzas son muchas

En el mundo de los negocios hay diversas situaciones. La rentabilidad guarda cierta relación con el riesgo. Hay quienes prefieren la baja rentabilidad con mínimo riesgo, por ejemplo, ahorrar en los bancos; hay otros que prefieren la alta rentabilidad y correr altos riesgos, por ejemplo, comprar acciones de la Bolsa de valores. **Los expertos en finanzas buscan alta rentabilidad con mínimo riesgo**, lo que requiere información de calidad. De manera similar, muchas empresas apuestan por el apalancamiento, es decir, por los préstamos o endeudamientos, mientras que otros prefieren no tener deudas y cancelar con pronto pago, lo que genera un descuento.

3.1 Descuento y descuento simple

3.1.1 Descuento

El descuento es la rebaja que se obtiene por el pago anticipado de una letra o un pagaré. Es la diferencia entre el valor nominal y el valor actual.

$$\boxed{D = N - Va}$$

Fórmula 3.1

donde N = valor nominal
Va = valor actual
D = descuento

Va ↓ 0 ——— n ↑ N

A. Descuento simple comercial

Es el descuento que se calcula considerando 360 días al año.

Fórmula del descuento comercial en función del valor nominal

$$\boxed{D = N \cdot i \cdot n}$$

Fórmula 3.2

donde D = descuento
N = valor nominal
Va = valor actual
n = vencimiento
i = tasa de descuento

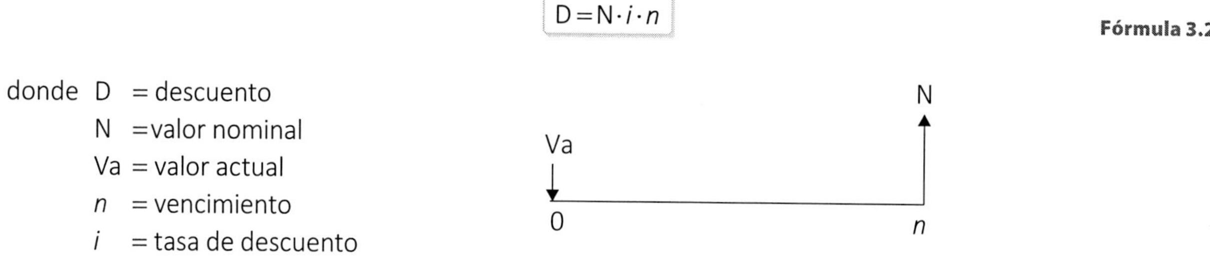

Fórmula del descuento comercial en función del valor actual

De la fórmula 3.1: $N = Va + D$
Reemplazando en 3.2: $D = (Va + D)i \cdot n$
Multiplicando: $D = Va \cdot i \cdot n + D \cdot i \cdot n$
Reordenando: $D - D \cdot i \cdot n = Va \cdot i \cdot n$
Factorizando: $D(1 - i \cdot n) = Va \cdot i \cdot n$

$$\boxed{D = \frac{Va \cdot i \cdot n}{1 - i \cdot n}}$$

Fórmula 3.3

donde D = descuento
Va = valor actual
n = vencimiento
i = tasa de descuento

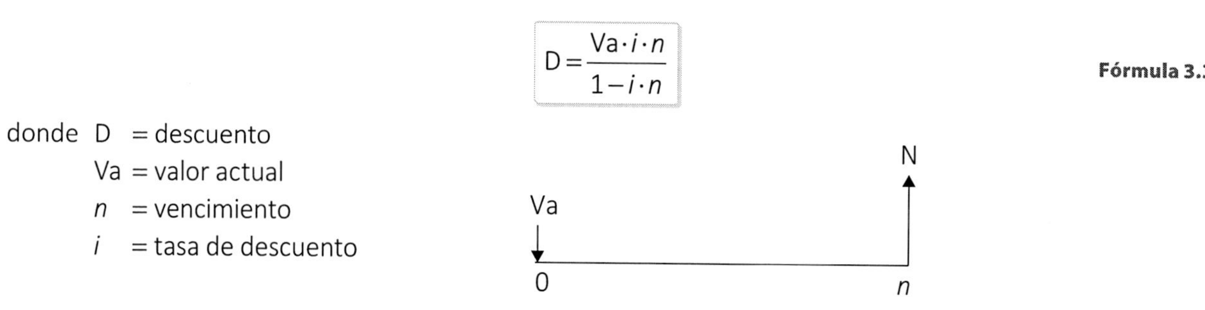

B. Descuento simple racional

Es el descuento que se calcula considerando 365 días al año. Se le conoce también con el nombre de descuento matemático.

Fórmula del descuento racional en función del valor actual

$$\mathrm{D} = \mathrm{Va} \cdot i \cdot n$$ **Fórmula 3.4**

donde D = descuento
Va = valor actual
n = vencimiento
i = tasa de descuento

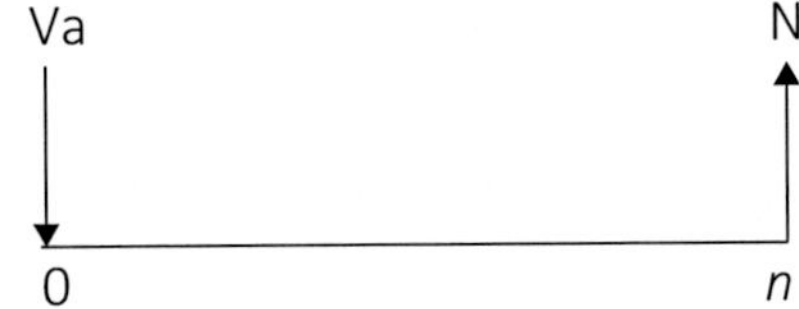

Fórmula del descuento racional en función del valor nominal

De la fórmula 3.4: $\mathrm{D} = \mathrm{Va} \cdot i \cdot n$ **(I)**
De la fórmula 3.1: $\mathrm{Va} = \mathrm{N} - \mathrm{D}$ **(II)**
II en I : $\mathrm{D} = (\mathrm{N} - \mathrm{D}) \cdot i \cdot n$
Multiplicando : $\mathrm{D} = \mathrm{N} \cdot i \cdot n - \mathrm{D} \cdot i \cdot n$
Reordenando : $\mathrm{D} + \mathrm{D} \cdot i \cdot n = \mathrm{N} \cdot i \cdot n$
Factorizando : $\mathrm{D}(1 + i \cdot n) = \mathrm{N} \cdot i \cdot n$

$$\mathrm{D} = \frac{\mathrm{N} \cdot i \cdot n}{1 + i \cdot n}$$ **Fórmula 3.5**

Relación entre descuento comercial (Dc) y descuento racional (Dr)

Siempre se cumple que: Dc > Dr

De 3.2 y 3.5 se deduce:

$$\mathrm{Dr} = \frac{\mathrm{Dc}}{1 + i \cdot n}$$ **Fórmula 3.6**

Relación entre tasa de interés comercial (ic) y tasa de interés racional (ir)

$$\mathrm{ir} = \frac{\mathrm{ic}}{1 - \mathrm{ic} \cdot n}$$ **Fórmula 3.7**

$$\mathrm{ic} = \frac{\mathrm{ir}}{1 + \mathrm{ir} \cdot n}$$ **Fórmula 3.8**

Problemas resueltos

1. La empresa AA vende un título de participación cuyo valor inicial es de S/4200, el cual se redimirá a los 180 días. Se pide determinar el descuento comercial y el descuento racional que se hizo al título si la tasa anual de descuento simple es de 18,82 %.

Solución:

Datos	D. comercial	D. racional
N=S/4200 $i=18{,}82\%$ $n=180/360=0{,}5$ Para racional: $n=180/365=0{,}49315$	$D=N\cdot i\cdot n$ $D=(4200)(0{,}1882)(0{,}5)$ $D=395{,}22$	$D=\dfrac{N\cdot i\cdot n}{1+i\cdot n}$ $D=\dfrac{(4200)(0{,}1882)(0{,}49315)}{1+(0{,}1882)(0{,}49315)}$ $D=356{,}69$

2. La empresa BB vende un título de participación cuyo valor inicial es de S/6000, el cual se redimirá a los 18 meses. Se pide determinar el descuento comercial y el descuento racional que se hizo al título si la tasa anual de descuento simple es del 15 %.

Solución:

Datos	D. comercial	D. racional
N=S/6000 $i=15\%=0{,}15$ $n=18/12=1{,}5$	$D=N\cdot i\cdot n$ $D=(6000)(0{,}15)(1{,}5)$ $D=1350$	$D=\dfrac{N\cdot i\cdot n}{1+i\cdot n}$ $D=\dfrac{(6000)(0{,}15)(1{,}5)}{1+(0{,}15)(1{,}5)}$ $D=1102$

3. La empresa CC vende un título de participación cuyo valor inicial es de S/9000, el cual se redimirá a los 2 trimestres. Se pide determinar el descuento comercial y el descuento racional que se hizo al título si la tasa anual de descuento simple es del 20 %.

Solución:

Datos	D. comercial	D. racional
N=S/9000 $i=20\%=0{,}20$ $n=2/4=0{,}5$	$D=N\cdot i\cdot n$ $D=(9000)(0{,}20)(0{,}5)$ $D=900$	$D=\dfrac{N\cdot i\cdot n}{1+i\cdot n}$ $D=\dfrac{(9000)(0{,}20)(0{,}5)}{1+(0{,}20)(0{,}5)}$ $D=818{,}2$

4. La empresa DD vende un título de participación cuyo valor inicial es de S/12 000, el cual se redimirá a los 3 semestres. Se pide determinar el descuento comercial y el descuento racional que se hizo al título si la tasa anual de descuento simple es del 25 %.

Solución:

Datos	D. comercial	D. racional
$N=S/12\,000$	$D=N\cdot i\cdot n$	$D=\frac{N\cdot i\cdot n}{1+i\cdot n}$
$i=25\%=0{,}25$	$D=(12\,000)(0{,}25)(1{,}5)$	$D=\frac{(12\,000)(0{,}25)(1{,}5)}{1+(0{,}25)(1{,}5)}$
$n=3/2=1{,}5$	$D=4500$	$D=3272{,}7$

5. La empresa EE vende un título de participación con un descuento de S/1000, el cual se redimirá a los 90 días. Se pide determinar el valor inicial que tuvo el título si la tasa anual de descuento simple es del 10 %.

Solución:

Datos	D. comercial	D. racional
$i=10\%=0{,}10$	$N=\frac{D}{i\cdot n}$	$N=\frac{D[1+i\cdot n]}{i\cdot n}$
$D=1000$	$N=\frac{1000}{(0{,}10)(0{,}25)}$	$N=\frac{1000[1+(0{,}10)(0{,}246575)]}{(0{,}10)(0{,}246575)}$
$n=\frac{90}{360}=0{,}25$	$N=40\,000$	$N=41\,555{,}6$
$n=\frac{90}{365}=0{,}246575$		

6. La empresa FF vende un título de participación con un descuento de S/2000, el cual se redimirá a los 9 meses. Se pide determinar el valor inicial que tuvo el título si la tasa anual de descuento simple es del 12 %.

Solución:

Datos	D. comercial	D. racional
$i=12\%=0{,}12$	$N=\frac{D}{i\cdot n}$	$N=\frac{D[1+i\cdot n]}{i\cdot n}$
$n=9/12=0{,}75$	$N=\frac{2000}{(0{,}12)(0{,}75)}$	$N=\frac{2000[1+(0{,}12)(0{,}75)]}{(0{,}12)(0{,}75)}$
$D=2000$	$N=22\,222{,}2$	$N=24\,222{,}1$

7. La empresa GG vende un título de participación con un descuento de S/3000, el cual se redimirá a los 3 trimestres. Se pide determinar el valor inicial que tuvo el título si la tasa anual de descuento simple es del 15 %.

Solución:

Datos	D. comercial	D. racional
$i=15\%=0{,}15$ $n=3/4=0{,}75$ $D=3000$	$N=\frac{D}{i\cdot n}$ $N=\frac{3000}{(0{,}15)(0{,}75)}$ $N=26\,666{,}7$	$N=\frac{D[1+i\cdot n]}{i\cdot n}$ $N=\frac{3000[1+(0{,}15)(0{,}75)]}{(0{,}15)(0{,}75)}$ $N=29\,666{,}7$

8. La empresa HH vende un título de participación con un descuento de S/5000, el cual se redimirá a los 4 semestres. Se pide determinar el valor inicial que tuvo el título si la tasa anual de descuento simple es del 18 %.

Solución:

Datos	D. comercial	D. racional
$i=18\%=0{,}18$ $n=4/2=2$ $D=5000$	$N=\frac{D}{i\cdot n}$ $N=\frac{5000}{(0{,}18)(2)}$ $N=13\,888{,}9$	$N=\frac{D[1+i\cdot n]}{i\cdot n}$ $N=\frac{5000[1+(0{,}18)(2)]}{(0{,}18)(2)}$ $N=18\,888{,}9$

9. La empresa II vende un título de participación cuyo valor inicial es de S/12 000 con un descuento de S/2000, el cual se redimirá a los 180 días. Se pide determinar la tasa anual de descuento simple.

Solución:

Datos	D. comercial	D. racional
$N=12\,000$ $D=2000$ $n=\frac{180}{360}=0{,}5$ $n=\frac{180}{365}=0{,}49315$	$i=\frac{D}{N\cdot n}$ $i=\frac{2000}{(12\,000)(0{,}5)}$ $i=33{,}33\%$	$i=\frac{D}{(N-D)\cdot n}$ $i=\frac{2000}{(12\,000-2000)(0{,}49315)}$ $i=40{,}56\%$

10. La empresa JJ vende un título de participación cuyo valor inicial es de S/15 000 con un descuento de S/1000, el cual se redimirá a los 90 días. Se pide determinar la tasa anual de descuento simple.

Solución:

Datos	D. comercial	D. racional
$N=15\,000$ $D=1000$ $n=\frac{90}{360}=0{,}25$ $n=\frac{90}{365}=0{,}246575$	$i=\frac{D}{N\cdot n}$ $i=\frac{1000}{(15\,000)(0{,}25)}$ $i=26{,}67\%$	$i=\frac{D}{(N-D)\cdot n}$ $i=\frac{1000}{(15\,000-1000)(0{,}246575)}$ $i=28{,}97\%$

11. La empresa LL vende un título de participación cuyo valor inicial es de S/20 000 con un descuento de S/2500, el cual se redimirá a los 18 meses. Se pide determinar la tasa anual de descuento simple.

Solución:

Datos	D. comercial	D. racional
$N=20\,000$ $D=2500$ $n=18\text{ meses}=1{,}5\text{ años}$	$i=\frac{D}{N\cdot n}$ $i=\frac{2500}{(20\,000)(1{,}5)}$ $i=8{,}33\%$	$i=\frac{D}{(N-D)\cdot n}$ $i=\frac{2500}{(20\,000-2500)(1{,}5)}$ $i=9{,}52\%$

12. La empresa MM vende un título de participación cuyo valor inicial es de S/22 000 con un descuento de S/3000, el cual se redimirá a los 6 trimestres. Se pide determinar la tasa anual de descuento simple.

Solución:

Datos	D. comercial	D. racional
$N=22\,000$ $n=6/4=1{,}5$ $D=3000$	$i=\frac{D}{N\cdot n}$ $i=\frac{3000}{(22\,000)(1{,}5)}$ $i=9{,}09\%$	$i=\frac{D}{(N-D)\cdot n}$ $i=\frac{3000}{(22\,000-3000)(1{,}5)}$ $i=10{,}52\%$

13. La empresa NN vende un título de participación cuyo valor inicial es de S/10 000 con un descuento de S/1000. Se pide determinar el tiempo que debe transcurrir si la tasa anual de descuento simple es del 12 %.

Solución:

Datos	D. comercial	D. racional
$N = 10\,000$ $i = 12\% = 0{,}12$ $D = 1000$	$n = \frac{D}{N \cdot i}$ $n = \frac{1000}{(10\,000)(0{,}12)}$ $n = 0{,}8333$ años	$n = \frac{D}{(N - D) \cdot i}$ $n = \frac{1000}{(10\,000 - 1000)(0{,}12)}$ $n = 0{,}9259$ años

14. La empresa OO vende un título de participación cuyo valor inicial es de S/18 000 con un descuento de S/3000. Se pide determinar el tiempo que debe transcurrir si la tasa anual de descuento simple es del 10 %.

Solución:

Datos	D. comercial	D. racional
$N = 18\,000$ $i = 10\% = 0{,}10$ $D = 3000$	$n = \frac{D}{N \cdot i}$ $n = \frac{3000}{(18\,000)(0{,}10)}$ $n = 1{,}6667$ años	$n = \frac{D}{(N - D) \cdot i}$ $n = \frac{3000}{(18\,000 - 3000)(0{,}10)}$ $n = 2$ años

15. La empresa PP vende un título de participación cuyo valor inicial es de S/40 000 con un descuento de S/8000. Se pide determinar el tiempo que debe transcurrir si la tasa anual de descuento simple es del 12 %.

Solución:

Datos	D. comercial	D. racional
$N = 40\,000$ $i = 12\% = 0{,}12$ $D = 8000$	$n = \frac{D}{N \cdot i}$ $n = \frac{8000}{(40\,000)(0{,}12)}$ $n = 1{,}6667$ años	$n = \frac{D}{(N - D) \cdot i}$ $n = \frac{8000}{(40\,000 - 8000)(0{,}12)}$ $n = 2{,}0833$ años

16. Halle el descuento comercial y el descuento racional que produce un valor nominal de 10 000 con una tasa de descuento simple del 2 % mensual durante 2 años.

Solución:

Datos	D. comercial	D. racional
$D = ?$ $N = 10\,000$ $i = 2\% = 0{,}02$ $n = 2$ años $= 24$ meses	$D = N \cdot i \cdot n$ $D = 10\,000 \times 0{,}02 \times 24$ $D = 4800$	$D = \frac{N \cdot i \cdot n}{1 + i \cdot n}$ $D = \frac{(10\,000)(0{,}02)(24)}{1 + (0{,}02)(24)}$ $D = 3243{,}24$

17. La empresa Alfa vende un título de participación cuyo valor inicial es de S/5000, el cual se redimirá a los 180 días. Se pide determinar el descuento comercial y el descuento racional si la tasa anual de descuento es del 18,82 %.

Solución:

Datos	D. comercial	D. racional
$N=5000$	$D=N\cdot i\cdot n$	$D=\dfrac{N\cdot i\cdot n}{1+i\cdot n}$
$i=18{,}82\%$	$D=5000\times 0{,}1882\times 0{,}5$	$D=\dfrac{(5000)(0{,}1882)(0{,}49315)}{1+(0{,}1882)(0{,}49315)}$
$n=\dfrac{180}{360}=0{,}5$	$D=S/470{,}5$	$D=424{,}64$
$n=\dfrac{180}{365}=0{,}49315$		
$D=?$		

18. La empresa Beta vende un título que se redimirá en 90 días con un descuento de S/2000. Se pide determinar el valor inicial que tuvo el título si la tasa anual de descuento simple es del 10 % para el descuento comercial y el descuento racional.

Solución:

Datos	D. comercial	D. racional
$D=2000$	$N=\dfrac{D}{i\cdot n}$	$N=\dfrac{D[1+i\cdot n]}{i\cdot n}$
$i=10\%$	$N=\dfrac{2000}{(0{,}10)(0{,}25)}$	$N=\dfrac{2000[1+(0{,}10)(0{,}24657)]}{(0{,}10)(0{,}24657)}$
$n=\dfrac{90}{360}=0{,}25$	$N=80\,000$	$N=83\,112{,}71$
$n=\dfrac{90}{365}=0{,}246575$		
$N=?$		

19. La empresa Gamma vende un título de participación cuyo valor inicial es de S/10 000 con un descuento de S/2000 que se redimirá a los 18 meses. Se pide determinar la tasa anual de descuento simple.

Solución:

Datos	D. comercial	D. racional
$N=20\,000$	$i=\dfrac{D}{N\cdot n}$	$i=\dfrac{D}{(N-D)\cdot n}$
$D=2000$	$i=\dfrac{2000}{(20\,000)\cdot(1{,}5)}$	$i=\dfrac{2000}{(20\,000-2000)\cdot(1{,}5)}$
$n=18$ meses $=1{,}5$ años	$i=6{,}67\%$ anual	$i=7{,}41\%$ anual
$i=?$		

20. La empresa Delta vende un título cuyo valor inicial es de S/20 000 con un descuento de S/4000. Se pide determinar el tiempo que debe transcurrir si la tasa anual de descuento simple es del 12 %.

Solución:

Datos	D. comercial	D. racional
$N=20\,000$ $D=4000$ $I=12\%$ $n=?$	$n=\dfrac{D}{N\cdot i}$ $n=\dfrac{4000}{(20\,000)(0,12)}$ $n=1{,}6667$ años $n=1$ año $+\,8$ meses	$n=\dfrac{D}{(N-D)\cdot i}$ $n=\dfrac{4000}{(20\,000-4000)(0,12)}$ $n=2{,}083$ años $n=2$ año $+\,1$ mes

Paradoja
"En esta vida hay dos tragedias: que no nos acepte el ser querido o que nos acepte. Esta última es la peor. Cada vez que uno no ama es la primera que ama".
Oscar Wilde

C. Descuento compuesto

El descuento compuesto puede ser comercial o bancario.

$$D=N-Va$$

Fórmula 3.9
(Similar a la fórmula 3.1)

Va
N
0
n

donde D = descuento
N = valor nominal
Va = valor actual
n = vencimiento
i = tasa de descuento

D. Descuento compuesto comercial (verdadero)

Es el descuento que se calcula considerando 360 días al año y es la fórmula tradicional de interés compuesto.

$$N=Va(1+i)^n$$

Fórmula 3.10

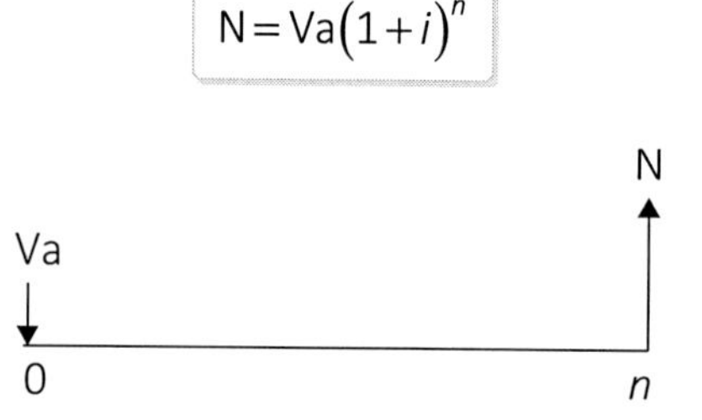

donde D = descuento
N = valor nominal
Va = valor actual
n = vencimiento
i = tasa de descuento

Fórmula del descuento compuesto comercial en función del valor actual

Reemplazando 3.10 en 3.9:

$$D = Va(1+i)^n - Va$$

$$\boxed{D = Va\left[(1+i)^n - 1\right]}$$ **Fórmula 3.11**

Fórmula del descuento compuesto comercial en función del valor nominal

De 3.10:

$$Va = \frac{N}{(1+i)^n}$$

Reemplazando en 3.9:

$$D = N - Va$$

$$D = N - \frac{N}{(1+i)^n}$$

$$D = N\left[1-(1+i)^{-n}\right]$$

$$\boxed{D = N\left[1-(1+i)^{-n}\right]}$$ **Fórmula 3.12**

E. Descuento compuesto bancario

Es el descuento que se calcula sobre el valor nominal. Esta forma es poco frecuente y no tiene aplicaciones prácticas.

$$\boxed{Va = N(1-i)^n}$$ **Fórmula 3.13**

donde D = descuento
N = valor nominal
Va = valor actual
n = vencimiento
i = tasa de descuento

Fórmula del descuento compuesto bancario en función del valor nominal

Reemplazando en 3.9

$$D = N - Va$$

$$D = N - N(1-i)^n$$

$$\boxed{D = N\left[1-(1-i)^n\right]}$$ **Fórmula 3.14**

Fórmula del descuento compuesto bancario en función del valor actual

De 3.13:

$$N=\frac{Va}{(1-i)^n}$$

Reemplazando en 3.9:

$$D=N-Va$$

$$D=\frac{Va}{(1-i)^n}-Va$$

$$D=Va\left[(1-i)^{-n}-1\right]$$

$$\boxed{D=Va\left[(1-i)^{-n}-1\right]}$$ **Fórmula 3.15**

Descuento compuesto comercial	Descuento compuesto bancario
$D=Va\left[(1+i)^n-1\right]$	$D=Va\left[(1-i)^{-n}-1\right]$
$D=N\left[1-(1+i)^{-n}\right]$	$D=N\left[1-(1-i)^n\right]$
$N=D/\left[1-(1+i)^{-n}\right]$	$N=D/\left[1-(1-i)^n\right]$
$Va=D/\left[(1+i)^n-1\right]$	$Va=D/\left[(1-i)^{-n}-1\right]$
$n=-\ln(1-D/N)/\ln(1+i)$	$n=\ln(1-D/N)/\ln(1-i)$
$n=\ln(1+D/Va)/\ln(1+i)$	$n=-\ln(1+D/Va)/\ln(1-i)$
$i=\sqrt[-n]{1-\frac{D}{N}}-1$	$i=1-\sqrt[n]{1-\frac{D}{N}}$
$i=\sqrt[n]{1+\frac{D}{Va}}-1$	$i=1-\sqrt[-n]{1+\frac{D}{Va}}$

Problemas resueltos

1. La empresa AA vende un título de participación cuyo valor inicial es de S/4200, el cual se redimirá a los 180 días. Se pide determinar el descuento compuesto comercial y bancario que se hizo al título si la tasa anual de descuento compuesto es del 18,82 %.

Solución:

Datos	Descuento comercial	Descuento bancario
N = S/4200	$D=N\left[1-(1+i)^{-n}\right]$	$D=N\left[1-(1-i)^{n}\right]$
$i=18{,}82\%$		
$n=180/360=0{,}5$	$D=4200\left[1-(1+0{,}1882)^{-0{,}5}\right]$	$D=4200\left[1-(1-0{,}1882)^{0{,}49315}\right]$
$n=180/365=0{,}49315$	D = 346,95	D = 410,39

2. La empresa BB vende un título de participación cuyo valor inicial es de S/6000, el cual se redimirá a los 18 meses. Se pide determinar el descuento compuesto comercial y bancario que se hizo al título si la tasa anual de descuento compuesto es del 15 %.

Solución:

Datos	Descuento comercial	Descuento bancario
N = S/6000	$D=N\left[1-(1+i)^{-n}\right]$	$D=N\left[1-(1-i)^{n}\right]$
I = 15%		
$n=18/12=1{,}5$	$D=6000\left[1-(1+0{,}15)^{-1{,}5}\right]$	$D=6000\left[1-(1-0{,}15)^{1{,}5}\right]$
	D = 1134,76	D = 1298,03

3. La empresa CC vende un título de participación cuyo valor inicial es de S/9000, el cual se redimirá a los 2 trimestres. Se pide determinar el descuento compuesto comercial y bancario que se hizo al título si la tasa anual de descuento compuesto es del 20 %.

Solución:

Datos	Descuento comercial	Descuento bancario
N = S/9000	$D=N\left[1-(1+i)^{-n}\right]$	$D=N\left[1-(1-i)^{n}\right]$
$i=20\%$		
$n=2/4=0{,}5$	$D=9000\left[1-(1+0{,}20)^{-0{,}5}\right]$	$D=9000\left[1-(1-0{,}2)^{0{,}5}\right]$
	D = 784,16	D = 950,16

4. La empresa DD vende un título de participación cuyo valor inicial es de S/12 000, el cual se redimirá a los 3 semestres. Se pide determinar el descuento compuesto comercial y bancario que se hizo al título si la tasa anual de descuento compuesto es del 25 %.

Solución:

Datos	Descuento comercial	Descuento bancario
N = S/12 000	$D=N\left[1-(1+i)^{-n}\right]$	$D=N\left[1-(1-i)^{n}\right]$
$i=25\%=0{,}25$		
$n=3/2=1{,}5$	$D=12\,000\left[1-(1+0{,}25)^{-1{,}5}\right]$	$D=12\,000\left[1-(1-0{,}25)^{1{,}5}\right]$
	D = 3413,50	D = 4205,77

5. La empresa EE vende un título de participación con un descuento de S/1000, el cual se redimirá a los 90 días. Se pide determinar el valor nominal que tuvo el título si la tasa anual de descuento compuesto es del 10 %.

Solución:

Datos	Descuento comercial	Descuento bancario
$i=10\%=0{,}10$	$N=D/\left[1-(1+i)^{-n}\right]$	$N=D/\left[1-(1-i)^{n}\right]$
$n=90/360=0{,}25$		
$n=90/365=0{,}246575$	$N=1000/\left[1-(1+0{,}10)^{-0{,}25}\right]$	$N=1000/\left[1-(1+0{,}10)^{-0{,}246575}\right]$
D = 1000	N = 42 470,22	N = 38 994,39

6. La empresa FF vende un título de participación con un descuento de S/2000, el cual se redimirá a los 9 meses. Se pide determinar el valor nominal que tuvo el título si la tasa anual de descuento compuesto es del 12 %.

Solución:

$i=12\%=0{,}12$

$n=9/12=0{,}75$

D = 2000

Descuento comercial	Descuento bancario
$N=D/\left[1-(1+i)^{-n}\right]$	$N=D/\left[1-(1-i)^{n}\right]$
$N=2000/\left[1-(1+0{,}12)^{-0{,}75}\right]$	$N=2000/\left[1-(1-0{,}12)^{0{,}75}\right]$
N = 24 544,54	N = 21 876,47

7. La empresa GG vende un título de participación con un descuento de S/3000, el cual se redimirá a los 3 trimestres. Se pide determinar el valor inicial que tuvo el título si la tasa anual de descuento compuesto es del 15 %.

Solución:

$i = 15\% = 0{,}15$

$n = 3/4 = 0{,}75$

$D = 3000$

Descuento comercial	Descuento bancario
$N = D/\left[1-(1+i)^{-n}\right]$	$N = D/\left[1-(1-i)^{n}\right]$
$N = 3000/\left[1-(1+0{,}15)^{-0{,}75}\right]$	$N = 3000/\left[1-(1-{,}015)^{0{,}75}\right]$
$N = 30\,146{,}30$	$N = 26\,142{,}98$

8. La empresa HH vende un título de participación con un descuento de S/5000, el cual se redimirá a los 4 semestres. Se pide determinar el valor inicial que tuvo el título si la tasa anual de descuento compuesto es del 18 %.

Solución:

$i = 18\% = 0{,}18$

$n = 4/2 = 2$

$D = 5000$

Descuento comercial	Descuento bancario
$N = D/\left[1-(1+i)^{-n}\right]$	$N = D/\left[1-(1-i)^{n}\right]$
$N = 5000/\left[1-(1+0{,}18)^{-2}\right]$	$N = 5000/\left[1-(1-0{,}18)^{2}\right]$
$N = 17\,742{,}10$	$N = 15\,262{,}52$

9. La empresa II vende un título de participación cuyo valor inicial es de S/12 000 con un descuento de S/2000, el cual se redimirá a los 180 días. Se pide determinar la tasa anual de descuento compuesto.

Solución:

$N = 12\,000$

$D = 2000$

$n = 180/360 = 0{,}5$

$n = 180/365 = 0{,}49315$

Descuento comercial	Descuento bancario
$i = \left[1/(1-D/N)^{1/n}\right]-1$	$i = \left[1-(1-D/N)^{1/n}\right]$
$i = \left[1/(1-2000/12\,000)^{1/0{,}5}\right]-1$	$i = \left[1-(1-2000/12\,000)^{1/0{,}49315}\right]$
$i = 44{,}00\%$	$i = 30{,}91\%$

10. La empresa II vende un título de participación cuyo valor inicial es de S/8000 con un descuento de S/600, el cual se redimirá a las 13 semanas. Se pide determinar la tasa anual de descuento compuesto.

Solución:

N = 8000

D = 600

$n = 13/52 = 0{,}25$

Descuento comercial	Descuento bancario
$i=\left[1/(1-D/N)^{1/n}\right]-1$	$i=\left[1-(1-D/N)^{1/n}\right]$
$i=\left[1/(1-600/8000)^{1/0{,}25}\right]-1$	$i=\left[1-(1-600/8000)^{1/0{,}25}\right]$
$i=36{,}59\%$	$i=26{,}79\%$

11. La empresa II vende un título de participación cuyo valor inicial es de S/3400 con un descuento de S/400, el cual se redimirá a los 9 meses. Se pide determinar la tasa anual de interés compuesto.

Solución:

N = 3400

D = 400

$n = 9/12 = 0{,}75$

Descuento comercial	Descuento bancario
$i=\left[1/(1-D/N)^{1/n}\right]-1$	$i=\left[1-(1-D/N)^{1/n}\right]$
$i=\left[1/(1-400/3400)^{1/0{,}75}\right]-1$	$i=\left[1-(1-400/3400)^{1/0{,}75}\right]$
$i=18{,}16\%$	$i=15{,}37\%$

12. La empresa II vende un título de participación cuyo valor inicial es de S/20 000 con un descuento de S/3000, el cual se redimirá a los 2 trimestres. Se pide determinar la tasa anual de interés compuesto.

Solución:

N = 20 000

D = 3000

$n = 2/4 = 0{,}5$

Descuento comercial	Descuento bancario
$i=\left[1/(1-D/N)^{1/n}\right]-1$	$i=\left[1-(1-D/N)^{1/n}\right]$
$i=\left[1/(1-3000/20\,000)^{1/0{,}5}\right]-1$	$i=\left[1-(1-3000/20\,000)^{1/0{,}5}\right]$
$i=38{,}41\%$	$i=27{,}75\%$

13. La empresa MM vende un título de participación cuyo valor inicial es de S/10 000 con un descuento de S/1000. Se pide determinar el tiempo que debe transcurrir si la tasa anual de interés compuesto es del 12 %.

Solución:

$N = 10\,000$

$i = 12\%$

$D = 1000$

Descuento comercial	Descuento bancario
$n = \ln[1/(1 - D/N)]/\ln(1+i)$	$n = \ln[1/(1 - D/N)]/\ln(1-i)$
$n = \ln[1/(1 - 1000/10\,000)]/\ln(1+0{,}12)$	$n = \ln[1/(1 - 1000/10\,000)]/\ln(1-0{,}12)$
$n = 0{,}9297$ años	$n = 0{,}8242$ años $= 9$ meses $+ 27$ días
$n = 11$ meses $+ 5$ días	

14. La empresa NN vende un título de participación cuyo valor inicial es de S/12 000 con un descuento de S/3000. Se pide determinar el tiempo que debe transcurrir si la tasa de interés compuesto es del 5 % semestral.

Solución:

$N = 12\,000$

$i = 5\%$

$D = 3000$

Descuento comercial	Descuento bancario
$n = \ln[1/(1 - D/N)]/\ln(1+i)$	$n = \ln(1 - D/N)/\ln(1-i)$
$n = \ln[1/(1 - 3000/12\,000)]/\ln(1+0{,}05)$	$n = \ln(1 - 3000/12\,000)/\ln(1-0{,}05)$
$n = 5{,}8963$ semestres	$n = 5{,}6086$ semestres
$n = 2$ años $+ 11$ meses $+ 11$ días	$n = 2$ años $+ 9$ meses $+ 20$ días

15. La empresa MM vende un título de participación cuyo valor inicial es de S/15 000 con un descuento de S/5000. Se pide determinar el tiempo que debe transcurrir si la tasa de interés compuesto es del 8 % trimestral.

Solución:

$N = 15\,000$

$i = 8\%$

$D = 5000$

Descuento comercial	Descuento bancario
$n = \ln[1/(1 - D/N)]/\ln(1+i)$	$n = \ln(1 - D/N)/\ln(1-i)$
$n = \ln[1/(1 - 5000/15\,000)]/\ln(1+0{,}08)$	$n = \ln(1 - 5000/15\,000)/\ln(1-0{,}08)$
$n = 5{,}2686$ trimestres	$n = 4{,}8628$ trimestres
$n = 1$ año $+ 3$ meses $+ 24$ días	$n = 1$ año $+ 2$ meses $+ 18$ días

16. La empresa MM vende un título de participación cuyo valor inicial es de S/20 000 con un descuento de S/7000. Se pide determinar el tiempo que debe transcurrir si la tasa de interés compuesto es del 3 % mensual.

Solución:

$N = 20\,000$

$i = 3\%$

$D = 7000$

Descuento comercial	Descuento bancario
$n = \ln\left[1/(1-D/N)\right]/\ln(1+i)$	$n = \ln(1-D/N)/\ln(1-i)$
$n = \ln\left[1/(1-7000/20\,000)\right]/\ln(1+0{,}03)$	$n = \ln(1-7000/20\,000)/\ln(1-0{,}03)$
$n = 14{,}5738$ meses	$n = 14{,}1429$ meses $= 1$ año $+ 2$ meses $+ 4$ días
$n = 1$ año $+ 2$ meses $+ 17$ días	

17. La empresa Omega vende un título de participación cuyo valor actual es de S/10 000, el cual se redimirá a los 180 días. Se pide determinar el descuento compuesto comercial y bancario que se hizo al título si la tasa anual de interés compuesto es del 20 %.

Solución:

N = S/10 000

$i = 20\%$

$n = 180/360 = 0{,}5$

$n = 180/365 = 0{,}49315$

Descuento comercial	Descuento bancario
$D = Va\left[(1+i)^{n} - 1\right]$	$D = Va\left[(1-i)^{-n} - 1\right]$
$D = 10\,000\left[(1+0{,}2)^{0{,}5} - 1\right]$	$D = 10\,000\left[(1-0{,}2)^{-0{,}49315} - 1\right]$
D = S/954,45	D = S/1163,26

18. La empresa Épsilon vende un título de participación con un descuento de S/5000, el cual se redimirá a los 90 días. Se pide determinar el valor actual que tuvo el título si la tasa anual de descuento compuesto es del 18 %.

Solución:

$i = 18\%$

$D = 5000$

$n = 90/360 = 0{,}25$

$n = 90/365 = 0{,}24657$

Descuento comercial	Descuento bancario
$Va = D/\left[(1+i)^{n} - 1\right]$	$Va = D/\left[(1-i)^{-n} - 1\right]$
$Va = 5000/\left[(1+0{,}18)^{0{,}25} - 1\right]$	$Va = 5000/\left[(1-0{,}18)^{-0{,}24657} - 1\right]$
$Va = 118\,352{,}62$	$Va = 99\,702{,}91$

19. La empresa Gamma vende un título de participación cuyo valor actual es de S/15 000 con un descuento de S/3000 y que se redimirá a los 180 días. Se pide determinar la tasa anual de descuento compuesto para el descuento comercial y el descuento bancario.

Solución:

Datos	Descuento comercial	Descuento bancario
$N=15\,000$	$i=\left[(1+D/Va)^{1/n}-1\right]$	$i=1-\left[1/(1+D/Va)^{1/n}\right]$
$D=3000$		
$n=180/360=0{,}5$	$i=\left[(1+3000/15\,000)^{1/0{,}5}-1\right]$	$i=1-\left[1/(1+3000/15\,000)^{1/0{,}49315}\right]$
$n=180/365=0{,}49315$	$i=44{,}00\%$	$i=30{,}91\%$

20. La empresa Delta vende un título de participación cuyo valor actual es de S/20 000 con un descuento de S/5000. Se pide determinar el tiempo que debe transcurrir si la tasa anual de descuento compuesto es del 15 % para el descuento compuesto comercial y bancario.

Solución:

Datos	D. comercial	D. bancario
$Va=20\,000$	$n=\ln[1+D/Va]/\ln(1+i)$	$n=-\ln[1+D/Va]/\ln(1-i)$
$i=15\%$	$n=\dfrac{\ln[1+5000/20\,000]}{\ln(1+0{,}15)}$	$n=\dfrac{-\ln[1+5000/20\,000]}{\ln(1-0{,}15)}$
$D=5000$		
	$n=1{,}5966$ años	$n=1{,}3730$ años
	$n=1$ año $+\,7$ meses $+\,5$ días	$n=1$ año $+\,4$ meses $+\,14$ días

21. La empresa Alfa vende un título de participación cuyo valor inicial es de S/5000 y que se redimirá a los 180 días. Se pide determinar el descuento comercial y bancario que se hizo al título si la tasa anual de descuento compuesto es del 18 %.

Solución:

Datos	D. comercial	D. bancario
$N=5000$	$Dc=N\left[1-(1+i)^{-n}\right]$	$Dr=N\left[1-(1-i)^{n}\right]$
$n=180$ días $=0{,}5$ años	$Dc=5000\left[1-(1+0{,}18)^{-0{,}5}\right]$	$Dr=5000\left[1-(1-0{,}18)^{0{,}49315}\right]$
$i=18\%=0{,}18$	$Dc=397{,}13$	$Dr=466{,}15$

22. La empresa Beta vende un título de participación con un descuento de S/2000 y que se redimirá a los 90 días. Se pide determinar el valor nominal del título si la tasa de descuento compuesto es del 15 %.

Solución:

Datos	D. comercial	D. bancario
$D=2000$ $i=15\%$ $n=90/360=0{,}25$ años $n=90/365=0{,}24657$ años	$Dc=N\left[1-(1+i)^{-n}\right]$ $2000=N\left[1-(1+0{,}15)^{-0{,}25}\right]$ $N=58246{,}01$	$Dr=N\left[1-(1-i)^{n}\right]$ $2000=N\left[1-(1-0{,}15)^{0{,}24657}\right]$ $N=S/50\,916{,}48$

23. La empresa Épsilon vende un título de participación cuyo valor inicial es de S/15 000 con un descuento de S/5000 y que se redimirá a los 80 días. Halle la tasa actual de descuento compuesto.

Solución:

Datos	D. comercial	D. bancario
$N=15\,000$ $D=5000$ $n=180/360=0{,}5$ años $n=180/365=0{,}49315$ años $i=?$	$D=N\left[1-(1+i)^{-n}\right]$ $D/N=1-(1+i)^{-n}$ $(1+i)^{-n}=1-D/N$ $i=\sqrt[-n]{1-D/N}-1$ $i=\sqrt[0{,}5]{1-\frac{5000}{15\,000}}-1$ $i=125\%$	$D=N\left[1-(1-i)^{n}\right]$ $D/N=1-(1-i)^{n}$ $(1-i)^{n}=1-D/N$ $(1-i)=\sqrt[n]{1-D/N}$ $i=1-\sqrt[0{,}49315]{1-\frac{5000}{15\,000}}$ $i=56{,}05\%$

24. La empresa Omega vende un título de participación cuyo valor inicial es de S/20 000 con un descuento de S/4000 y una tasa de descuento del 50 % anual. Halle el vencimiento.

Solución:

Datos	D. comercial	D. bancario
$N=20\,000$ $D=4000$ $i=50\%$ anual$=0{,}5$ $n=?$	$D=N\left[1-(1+i)-n\right]$ $D/N=1-(1+i)^{-n}$ $(1+i)^{-n}=1-D/N$ $\ln(1+i)^{-n}=\ln(1-D/N)$ $-n\ln(1+i)=\ln(1-D/N)$ $n=\frac{-\ln(1-D/N)}{\ln(1+i)}$ $n=\frac{-\ln(1-4000/20\,000)}{\ln(1+0{,}50)}$ $n=0{,}550$	$D=N\left[1-(1-i)^{n}\right]$ $D/N=1-(1-i)^{n}$ $(1-i)^{n}=1-D/N$ $\ln(1-i)^{n}=\ln(1-D/N)$ $n\ln(1-i)=\ln(1-D/N)$ $n=\frac{\ln(1-D/N)}{\ln(1-i)}$ $n=\frac{\ln(1-4000/20\,000)}{\ln(1-0{,}50)}$ $n=0{,}3219=3$ meses, 25 días

Autoevaluación

PREGUNTAS DE CONOCIMIENTO

1. Una definición de interés es
   a. el valor del dinero en el tiempo.
   b. el valor recibido por el uso del dinero a través del tiempo.
   c. el beneficio que genera un capital.
   d. todas las anteriores son correctas.

2. Una definición de interés es
   a. el precio que se paga por el uso del dinero en préstamo durante un periodo.
   b. el rendimiento de una inversión.
   c. todas las anteriores son correctas.
   d. ninguna de las anteriores es correcta.

3. Relacione las letras con su respectiva definición.

   A. Tasa de interés compuesto ☐ Se aplica en el periodo de capitalización sobre el capital.
   B. Tasa de interés continua ☐ Se aplica sobre el mismo capital.
   C. Tasa de interés efectiva ☐ Se aplica siempre sobre un capital diferente.
   D. Tasa de interés nominal ☐ No refleja la realidad en cuanto a interés devengado.
   E. Tasa de interés simple ☐ Se presenta siempre de forma nominal.

   a. CEADB
   b. CEABD
   c. AEDBC
   d. BEACD
   e. BEADC

PREGUNTAS DE DESARROLLO, ANÁLISIS Y SÍNTESIS

4. Responda si es verdadero (V) o falso (F). Asuma los mismos datos.

   ☐ El número de periodos en el interés compuesto es mayor que en el interés simple.
   ☐ El interés en el descuento compuesto comercial es menor que en el descuento simple comercial.
   ☐ El tiempo en el descuento simple racional es mayor que en el descuento comercial.
   ☐ i. (D. S. racional) < i. (D. S. comercial) < i. (D. C. bancario) < i. (D. C. comercial)

   a. VFFV
   b. VVVV
   c. FFFF
   d. FFVV
   e. FFVF

5. Relacione las letras con su respectiva definición.

   A. Descuento bancario ☐ Se calcula sobre el valor nominal y es poco frecuente.

   B. Descuento comercial ☐ Se calcula con las fórmulas de interés compuesto.

   C. Descuento racional ☐ Se calcula sobre el valor nominal, considerando 360 días (año).

   D. Descuento verdadero ☐ Se calcula sobre el valor actual, considerando 365 días (año).

   a. ABCD
   b. ABDC
   c. ADBC
   d. BACD
   e. BADC

6. La empresa Alfa vende un título de participación cuyo valor inicial es de $30 000 y que se redimirá a los 120 días. Halle el descuento que se hizo al título si la tasa de interés simple es de 20 % anual para el descuento comercial y el descuento racional.

   a. 1990 y 1851,00
   b. 2000 y 1850,90
   c. 2010 y 1849,90
   d. 2020 y 1848,90
   e. 2030 y 1847,90

7. La empresa Beta vende un título de participación cuyo valor actual es de $25 000 con un descuento de $7500 y que se redimirá a los 60 días. Halle la tasa mensual de interés compuesto para el descuento comercial y el descuento bancario.

   a. 14,50 % y 12,42 %
   b. 14,50 % y 12,32 %
   c. 14,02 % y 12,29 %
   d. 13,50 % y 12,26 %
   e. 12,50 % y 12,24 %

8. La empresa Delta vende un título de participación cuyo valor inicial es de $15 000 con un descuento de $2500. Halle el tiempo que debe transcurrir si la tasa semestral de interés compuesto es del 10 % para el descuento comercial y el descuento bancario.

   a. 11 meses + 20 días y 10 meses + 14 días
   b. 11 meses + 21 días y 10 meses + 13 días
   c. 11 meses + 22 días y 10 meses + 12 días
   d. 11 meses + 23 días y 10 meses + 11 días
   e. 11 meses + 24 días y 10 meses + 10 días

9. La empresa Omega vende un título de participación cuyo valor inicial es de $13 500 con un descuento de $2650 y que se redimirá a los 15 meses. Halle la tasa anual de interés simple para el descuento comercial y el descuento racional.

   a. 16,50% y 19,52%
   b. 15,50% y 19,54%
   c. 14,50% y 19,56%
   d. 13,50% y 19,58%
   e. 12,50% y 19,54%

10. La empresa Sigma vende un título de participación cuyo valor inicial es de $22 500. Halle el tiempo que debe transcurrir para que tenga un descuento de $3560 si la tasa de interés compuesto es del 5 % semestral. Considere los descuentos compuestos comercial y bancario.

    a. 1 año + 9 meses + 1 día y 1 año + 8 meses + 8 días
    b. 1 año + 9 meses + 3 días y 1 año + 8 meses + 6 días
    c. 1 año + 9 meses + 5 días y 1 año + 8 meses + 4 días
    d. 1 año + 9 meses + 7 días y 1 año + 8 meses + 2 días
    e. 1 año + 9 meses + 9 días y 1 año + 8 meses + 1 día

Modelo de examen parcial N.° 1

PREGUNTAS DE CONOCIMIENTO

1. Responda verdadero (V) o falso (F). Asuma los mismos datos.

   - [ ] En el interés compuesto, la tasa de interés es mayor que en el interés simple.
   - [ ] El número de periodos en el interés compuesto es menor que en el interés simple.
   - [ ] En el descuento compuesto comercial, la tasa de interés es mayor que en el descuento simple comercial.
   - [ ] En el descuento simple racional, el tiempo es menor que en el descuento simple comercial.

   a. VVVV
   b. VVVF
   c. VVFF
   d. FVVF
   e. FFFF

PREGUNTAS DE DESARROLLO, ANÁLISIS Y SÍNTESIS

2. Halle la tasa de interés compuesto mensual necesaria para que un capital se sextuplique durante 5 años, 7 meses y 20 días.

   a. 2,64 % mensual
   b. 2,66 % mensual
   c. 2,68 % mensual
   d. 2,70 % mensual
   e. 2,72 % mensual

3. Halle el interés y la cuantía que produce un capital de 6666 durante 4 años, 4 meses y 4 días con una tasa de interés compuesto del 1,2% mensual.

   a. 5748,88 y 12414,88
   b. 5758,88 y 12413,88
   c. 5768,88 y 12412,8
   d. 5778,88 y 12411,88
   e. 5748,88 y 12410,88

4. Halle el tiempo necesario para que un capital se quintuplique con una tasa de interés compuesto del 1,4 % mensual.

   a. 9 años + 7 meses + 25 días
   b. 9 años + 7 meses + 23 días
   c. 9 años + 7 meses + 21 días
   d. 9 años + 7 meses + 19 días
   e. 9 años + 7 meses + 17 días

5. Halle la tasa de interés compuesto anual necesaria para que un capital se octuplique durante 2 años + 1 mes + 15 días.

   a. 8,46 % anual
   b. 8,48 % anual
   c. 8,50 % anual
   d. 8,52 % anual
   e. 8,54 % anual

6. Halle el interés y la cuantía que produce un capital de 3333 durante 3 años, 5 m y 7 d con una tasa de interés compuesto del 2 % mensual.

   a. 4208,35 y 7541,35
   b. 4218,35 y 7542,35
   c. 4228,35 y 7543,35
   d. 4238,35 y 7544,35
   e. 4248,35 y 7545,35

7. Halle el tiempo necesario para que un capital se cuadruplique con una tasa de interés compuesto del 0,4 % semanal.

   a. 6 años + 7 meses + 5 días
   b. 6 años + 8 meses + 4 días
   c. 6 años + 9 meses + 3 días
   d. 6 años + 10 meses + 2 días
   e. 6 años + 11 meses + 1 día

8. La empresa Épsilon vende un título de participación cuyo valor inicial es de $16 700 y que se redimirá a los 100 días. Halle el descuento que se hizo al título si la tasa de interés simple es del 13,5 % anual para el descuento comercial y el descuento racional.

   a. 625,21 y 595,60
   b. 625,22 y 595,61
   c. 625,23 y 595,62
   d. 625,24 y 595,63
   e. 626,25 y 595,64

9. La empresa PSI vende un título de participación cuyo valor actual es de $8700 con un descuento de $1830 y que se redimirá a los 110 días. Halle la tasa mensual de interés compuesto para el descuento comercial y el descuento bancario.

   a. 5,33 % mensual y 5,03 % mensual
   b. 5,34 % mensual y 5,04 % mensual
   c. 5,36 % mensual y 5,06 % mensual
   d. 5,35 % mensual y 5,07 % mensual
   e. 5,07 % mensual y 5,35 % mensual

10. La empresa ATC vende un título de participación cuyo valor inicial es de $13 980 con un descuento de $3450. Halle el tiempo que debe transcurrir si la tasa de interés compuesto es del 0,22% semanal para el descuento comercial y el descuento bancario.

   a. 2 años + 5 meses + 19 días y
      2 años + 5 meses + 19 días
   b. 2 años + 5 meses + 20 días y
      2 años + 5 meses + 20 días
   c. 2 años + 5 meses + 21 días y
      2 años + 5 meses + 21 días
   d. 2 años + 5 meses + 22 días y
      2 años + 5 meses + 22 días
   e. 2 años + 5 meses + 23 días y
      2 años + 5 meses + 21 días

Modelo de examen parcial N.° 2

1. Halle el interés simple exacto de un capital de $8000 al 25 % durante 125 días.
   a. 684,93
   b. 694,25
   c. 696,25
   d. 636,25
   e. N. A.
2. Halle el interés simple ordinario de un capital de $3000 al 10 % durante 45 días.
   a. 37,50
   b. 27,50
   c. 37,90
   d. 39,90
   e. N. A.
3. ¿Qué capital se habrá prestado al 4 % si a los 4 años produce un interés de 232,96?
   a. 1236
   b. 1356
   c. 1456
   d. 1416
   e. N. A.
4. Habiendo prestado 2625 al 4,5 % me devuelven 3097,50. ¿Cuántos años estuvo prestado aquel capital?
   a. 1 año
   b. 2 años
   c. 3 años
   d. 4 años
   e. N. A.
5. De acuerdo al sistema bancario, el interés simple de un capital de 3575,25 es de 31,78 en 80 días. Halle la tasa de interés.
   a. 1 %
   b. 2 %
   c. 3 %
   d. 4 %
   e. N. A.
6. Halle el valor actual al 5 % de descuento simple de S/1200 con vencimiento en 6 meses.
   a. 1170
   b. 1220
   c. 1330
   d. 1440
   e. N. A.

7. ¿Qué tiempo falta para el vencimiento de una letra de S/2000 si se ha recibido S/1500 después de haber descontado el 8 %?

   a. 31,2 años
   b. 3,125 años
   c. 3,26 años
   d. 4 años
   e. N. A.

8. Se descuenta una letra de S/4200 al 8 % faltando 40 días para su vencimiento. Halle el descuento comercial y el descuento racional.

   a. 37 y 37
   b. 38 y 39
   c. 39 y 36
   d. 37,33 y 36,50
   e. N. A.

9. Un pagaré de S/4000 que vence en 3 meses sin interés fue firmado el 5 de mayo y descontado el 26 de junio al 8 % de interés simple. Halle el valor de la transacción.

   a. 3964
   b. 4000
   c. 3900
   d. 4215
   e. N. A.

10. Calcule el valor del efectivo en la fecha 29 de abril de una letra por S/2000 que vence el próximo 12 de julio a una tasa de descuento del 9 %.

   a. 1990
   b. 1999
   c. 2063
   d. 2020
   e. N. A.

Modelo de examen parcial N.° 3

1. Halle el interés simple exacto de un capital de $667 al 15 % durante 50 días.
   a. 17,30
   b. 3,70
   c. 23,70
   d. 13,70
   e. 13,90

2. Halle el interés simple ordinario de un capital de $3944 al 5 % del 20 de abril al 1 de julio.
   a. 36,99
   b. 3944
   c. 39
   d. 39,44
   e. 38,90

3. Dos letras de S/6000, cada una con vencimiento en 30 días y en 60 días, son descontadas al 10 % y 12 %, respectivamente. Halle el valor neto a recibir. Aplique el descuento simple.
   a. 11 830
   b. 15 420
   c. 13 850
   d. 10 420
   e. 12 830

4. Un pagaré es descontado el 20 de abril, de modo que su valor nominal se redujo en un 2 %. Si la tasa aplicada es del 9 %, halle la fecha de vencimiento. Aplique el descuento simple.
   a. 8 de julio
   b. 10 de febrero
   c. 15 de agosto
   d. 23 de octubre
   e. 28 de julio

5. Una persona recibe el 90 % del valor nominal de su letra descontado al 14 %. ¿En cuánto tiempo debe vencer este documento? Aplique el descuento simple.
   a. 4 meses, 10 días
   b. 5 meses, 20 días
   c. 3 meses, 5 días
   d. 7 meses, 23 días
   e. 8 meses, 16 días

6. ¿Qué tasa de interés nominal capitalizable trimestralmente es necesaria para que un capital se triplique en 10 años? Aplique el interés compuesto.
   a. 11,06 %
   b. 11,12 %
   c. 12,00 %
   d. 12,04 %
   e. 12,06 %

7. Un capital colocado al 4,5 % de interés compuesto anual se ha incrementado en un 80 %. ¿Cuál fue el tiempo de la operación?

   a. 13 años, 6 meses, 17 días
   b. 13 meses, 5 meses, 17 días
   c. 13 años, 4 meses, 17 días
   d. 13 años, 3 meses, 17 días
   e. 13 años, 2 meses, 17 días

8. ¿A qué tasa de interés compuesto debe colocarse un capital para que se duplique en 15 años?

   a. 4,71 %
   b. 4,72 %
   c. 4,73 %
   d. 4,74 %
   e. 4,75 %

9. Debiendo cancelar hoy S/15 000 se propone hacerlo mediante dos pagos iguales de 10 000 cada uno, los cuales vencerán dentro de 5 y 10 años, respectivamente. Halle la tasa de interés compuesto.

   a. 3 %
   b. 4 %
   c. 5 %
   d. 6 %
   e. 7 %

10. Un capital colocado al 6 % se convertirá en S/50 000 después de 10 años. Otro capital colocado a la misma tasa y en 8 años se convertirá en el doble de la cuantía anterior. ¿Cuáles son estos capitales? Aplique el interés compuesto.

    a. 27 930 y 62 740
    b. 27 930 y 62 730
    c. 27 920 y 62 720
    d. 27 920 y 62 730
    e. 27 920 y 62 740

Modelo de examen parcial N.° 4

1. Halle el interés simple colocado a un capital de $3840 desde el 4 de noviembre hasta el 16 de diciembre y con una tasa de interés simple del 5 % anual.

   a. 28,40
   b. 33,40
   c. 25,40
   d. 23,40
   e. 22,40

2. Un capital de 5000 se ha incrementado en un 20 % por razón de un interés simple al 5 % anual. Halle el tiempo de la operación.

   a. 2,5
   b. 3
   c. 3,5
   d. 4
   e. 5

3. Un capital de 10 000 en 1 año, 2 meses y 15 días ha producido un interés de 483,33. ¿Cuál es la tasa de interés simple?

   a. 3,5 %
   b. 4 %
   c. 4,5 %
   d. 5 %
   e. 5,5 %

4. Una deuda de 12 000 con un interés del 5 % vence en un año. El deudor paga S/8000 en 7 meses y S/3000 en 9 meses. Halle el saldo de la deuda en la fecha de vencimiento. Aplique el descuento simple.

   a. 1493
   b. 1835,95
   c. 1344,45
   d. 1395,83
   e. 1383,95

5. Calcule el valor efectivo en la fecha 29 de abril de una letra de S/5000 que vence el próximo 12 de julio a una tasa de descuento simple del 12%.

   a. 4878,87
   b. 4786,87
   c. 4876,67
   d. 4916
   e. 4948,95

6. Un capital de S/100 000, colocado a interés compuesto y capitalizado anualmente, se cobrará una cuantía de S/209 715,20 después de 3 años. ¿A qué tasa anual de interés se ha colocado?

   a. 28 %
   b. 27 %
   c. 26 %
   d. 25 %
   e. 24 %

7. ¿Cuál es el capital cuya raíz cuadrada colocada al 5 % anual capitalizable semestralmente se ha convertido en 13 108,80 al cabo de 10 años?

   a. 35 000 000
   b. 64 000 000
   c. 20 500 000
   d. 10 100 000
   e. 10 500 000

8. Un capital de 5000 se convirtió en S/6000 al cabo de 5 años. ¿Cuál fue la tasa de interés compuesto?

   a. 5,23 %
   b. 4,55 %
   c. 3,71 %
   d. 2,14 %
   e. 0,25 %

9. ¿Durante qué tiempo se colocó un capital de S/10 000 al 8 % anual de interés y que capitalizado anualmente se convirtió en 44 883,29?

   a. 21 años, 6 meses
   b. 18 años, 6 meses
   c. 20 años, 6 meses
   d. 22 años, 5 meses
   e. 19 años, 6 meses

10. Hoy deposito S/5000, después de 3 años coloco S/10 000 y 2 años más tarde S/15 000. ¿Con cuánto contaré al cabo de 10 años si se considera un 7 ½ % capitalizable 3 veces al año? Aplique el interés compuesto.

    a. 49 008
    b. 59 008
    c. 62 720
    d. 67 920
    e. 77 920

Respuestas de la autoevaluación

1. c 2. b 3. a 4. e 5. c 6. b 7. c 8. d 9. b 10. c

Respuestas de los modelos de exámenes parciales

N.° 1	N.° 2	N.° 3	N.° 4
1. d	1. a	1. d	1. e
2. c	2. a	2. d	2. d
3. a	3. c	3. a	3. b
4. b	4. d	4. a	4. d
5. c	5. d	5. e	5. c
6. a	6. a	6. b	6. a
7. b	7. b	7. c	7. b
8. e	8. d	8. c	8. c
9. d	9. a	9. b	9. e
10. e	10. c	10. e	10. a

Exploración en línea
www.youtube.com/watch?v=aEMgDK7S85E
www.youtube.com/watch?v=a_uWpTvyx9M
www.youtube.com/watch?v=rS7ua5Zk3pM

"Cada uno de los problemas que resolví se convirtió en una regla que posteriormente sirvió para resolver otros problemas".
Descartes

CAPÍTULO 4

Fórmulas financieras con el uso de Excel

Propósito

- Operar las fórmulas financieras con rapidez y precisión con la ayuda del ordenador.
- Tomar decisiones usando criterios de evaluación de alternativas.

Objetivos

- Resumir las fórmulas tradicionales y adaptarse a las fórmulas estandarizadas.
- Aplicar las fórmulas financieras en la toma de decisiones para elegir la mejor alternativa con ayuda de las calculadoras y los ordenadores.

Contenido

10. Fórmula general
11. Funciones para el cálculo de inversiones
12. Funciones para el cálculo de la tasa interna de retorno
13. Depreciación
14. Funciones para el cálculo de la depreciación
15. Criterios de evaluación de alternativas
16. Otros criterios de evaluación de alternativas

"La segunda cosa que se precisa para el tráfico mercantil es ser un buen contador y saber hacer las cuentas con gran rapidez".
De las cuentas y las escrituras, Tratado XI, Título noveno
Fray Luca Pacioli (1494)

4.1 Fórmula general

Introducción

Las fórmulas financieras se han constituido en un resumen de las fórmulas tradicionales que más se utilizan en el mundo financiero. Estas fórmulas se aplican en cualquier país y se gestionan con la ayuda de la informática.

A estas fórmulas financieras Microsoft Excel les da el nombre de funciones financieras. Estas permiten realizar los cálculos financieros más frecuentes, como los del valor actual, valor futuro, pagos, valor neto actual (VNA), tasa interna de retorno (TIR), etc., de manera sencilla y rápida.

EJEMPLO 1

En la compra de un automóvil se desea conocer el valor neto actual (VNA) del precio de compra para determinar si la inversión conviene asumiendo una tasa promedio del mercado COK = 10 %.

Solución:

En la hoja electrónica de Microsoft Excel se introducen los pagos en las celdas del rango **A1:A4**. Luego, usando la función VNA de Excel, en otra celda se escribe **=VNA (0,10; A1:A4)**

Sin utilizar las funciones de Excel se tendría que construir la fórmula:

$$\text{VNA}=(\text{A1}/(1+0{,}10))+(\text{A2}/(1+0{,}10)^2)+(\text{A3}/(1+0{,}10)^3)+\text{A4}/(1+0{,}10)^4)$$

4.1.1 Fórmula general mnemotécnica

A partir de esta fórmula general mnemotécnica propuesta por el autor se pueden deducir las seis fórmulas.

$$\text{VF}=\text{VA}(1+\text{tasa})^{\text{Nper}}=\text{Pago}\left[\frac{(1+\text{tasa})^{\text{Nper}}-1}{\text{tasa}}\right]$$

donde VF = valor futuro
VA = valor actual
Pago = cuotas/rentas
Tasa = tasa de interés
Nper = número de periodos

4.1.2 Fórmulas financieras

VF = valor futuro
VA = valor actual
Pago = cuotas o rentas
Tasa = tasa de interés
Nper = número de periodos

1. $VF = VA(1+tasa)^{Nper}$	2. $VA = VF\left[\dfrac{1}{(1+tasa)^{Nper}}\right]$
3. $VF = Pago\left[\dfrac{(1+tasa)^{Nper}-1}{tasa}\right]$	4. $Pago = VF\left[\dfrac{tasa}{(1+tasa)^{Nper}-1}\right]$
5. $VA = Pago\left[\dfrac{(1+tasa)^{Nper}-1}{tasa(1+tasa)^{Nper}}\right]$	6. $Pago = VA\left[\dfrac{tasa(1+tasa)^{Nper}}{(1+tasa)^{Nper}-1}\right]$

4.1.3 Diagramas de flujo

Los flujos permiten representar los ingresos y las retiradas.

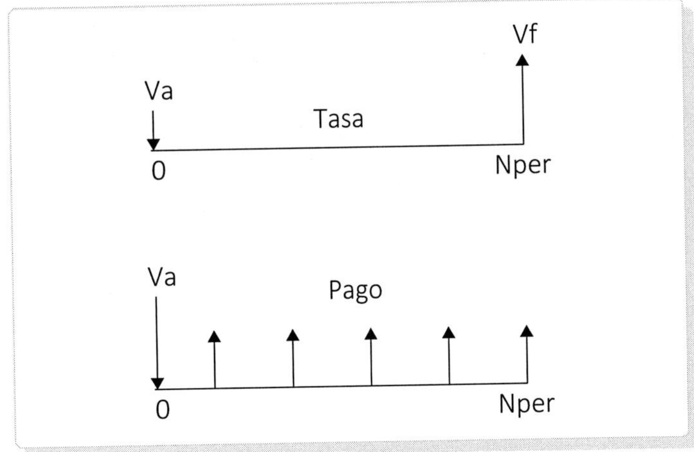

Convención de signos para los diagramas de flujo

+ + +
2 4
1 3 5
- - -
Hoy
P
Futuro
F

Los ingresos por cobros tienen signo positivo y su representación se hace con las flechas hacia arriba.

Las retiradas por inversiones o gastos tienen signo negativo y su representación se hace con las flechas hacia abajo.

Capitalización

Es el proceso mediante el cual los intereses producidos por un capital inicial se añaden a este al cabo de un periodo, de manera que se conforma un nuevo capital para el siguiente periodo.

Actualización

Es el proceso inverso al de capitalización, que consiste en traer una cantidad futura a un valor presente. También se le denomina proceso de descuento.

Pagos, rentas, flujos, anualidades o series

Los pagos o rentas son toda sucesión de cantidades iguales o serie uniforme que se producen periódicamente.

Los pagos pueden ser:

» Pago vencido: cuando se produce al final de cada periodo.

» Pago anticipado: cuando se produce al inicio de cada periodo.

4.1.4 Factores financieros

Para los cálculos financieros anteriores se recurre a los factores o fórmulas básicas de las matemáticas financieras, las cuales están expresadas en función de la tasa de interés y del número de periodos de capitalización.

Factor simple de capitalización Se emplea para calcular el valor futuro de una cantidad cuando es conocido el valor presente de una cantidad, la cual estará sujeta a una tasa de interés y a un número de periodos de capitalización.	$(1+\text{tasa})^{\text{Nper}}$
Factor simple de actualización Se usa para calcular el valor presente cuando es conocido el valor futuro de una cantidad sujeta a una tasa de interés y a un número de periodos de capitalización.	$\left[\dfrac{1}{(1+\text{tasa})^{\text{Nper}}}\right]$
Factor de recuperación del capital Se emplea para calcular el valor de una serie de pagos a partir de una cantidad presente conocida, dada una tasa de interés y dado el número de pagos respectivos.	$\left[\dfrac{\text{tasa}(1+\text{tasa})^{\text{Nper}}}{(1+\text{tasa})^{\text{Nper}}-1}\right]$
Factor de actualización de la serie Se emplea para calcular el valor presente de una suma cuando son conocidos los valores de la serie, dada una tasa de interés y dado el número de anualidades respectivas.	$\left[\dfrac{(1+\text{tasa})^{\text{Nper}}-1}{\text{tasa}(1+\text{tasa})^{\text{Nper}}}\right]$

Factor de capitalización de la serie Se emplea para calcular el valor futuro cuando son conocidos los valores de las series, dada una tasa de interés y dado el número de anualidades respectivas.	$\left[\frac{(1+\text{tasa})^{\text{Nper}}-1}{\text{tasa}}\right]$
Factor de fondo de amortización Se emplea para calcular el valor de una serie cuando es conocido el valor futuro, dada una tasa de interés y dado el número de anualidades respectivas.	$\left[\frac{\text{tasa}}{(1+\text{tasa})^{\text{Nper}}-1}\right]$
Factores y numerales Tienen un uso muy frecuente en el área bancaria. Los depósitos en ahorros pueden ser realizados sin fecha de vencimiento, es decir, pueden ser depositados y retirados en cualquier momento, cuyo cálculo de intereses respectivos se efectúa mediante los numerales y factores, esto es, el número de días mantenidos en la cuenta, una cuantía o cuantías de dinero multiplicadas por el factor correspondiente. De la misma forma, los numerales y factores permiten calcular los intereses por los saldos deudores en la cuenta corriente, de modo que el procedimiento de cálculo es similar. Los factores también se usan en las operaciones de descuento. Las operaciones de descuento son aquellas que implican el pago adelantado por un título, valor, tal como una letra de cambio o un pagaré, mediante el endoso (suscripción) del documento a otro sujeto, por lo general un banco, el cual carga un interés proporcional a una tasa y al tiempo que falta para el vencimiento. El importe que aparece en el documento se denomina valor nominal. El interés que se cobra se denomina descuento. La diferencia entre ambos es el producto o liquidación.	

4.2 Funciones para el cálculo de inversiones

Introducción

Las funciones financieras utilizan los mismos argumentos.

Argumento	Descripción
VF	Valor de la inversión al final de la operación
VA	Valor de la inversión ahora
Tasa	Tasa de interés o tasa de descuento
Pago 1, pago 2, pago 3, ...	Pagos periódicos diferentes
Nper	Número de periodos o plazo de la inversión
Pago	Pagos periódicos iguales
Tipo	Momento en que se hace el pago 0 = al final del periodo (0 sí se omite). 1 = al principio del periodo.
Periodo	Número de un pago

Fuente: *Guía completa de Microsoft Excel*

4.2.1 La función valor actual (VA)

Permite hallar el valor actual de una serie de pagos periódicos iguales o de un pago futuro.

Su fórmula es **=VA(tasa; número de periodos; pago; valor futuro; tipo)**

El valor actual es el valor que tiene la inversión en la actualidad.

Los pagos que se recibirán en el futuro se traen al día de hoy realizando los descuentos correspondientes. Cuando el valor actual de los pagos es superior al coste de la inversión, se dice que la inversión es rentable.

El argumento pago indica la serie de pagos y el valor futuro indica el pago final.

4.2.2 La función valor neto actual (VNA)

Determina la rentabilidad de una inversión. Se considera rentable cualquier inversión que dé un VNA mayor que cero.

Su fórmula es **=VNA(tasa; pago 1; pago 2; pago n)**

Se puede tener hasta 29 pagos. Si hubiera más pagos, se debe usar una matriz.

4.2.3 La función valor futuro (VF)

Calcula el valor de una inversión en alguna fecha futura. Representa todos los pagos o serie de pagos iguales.

Su fórmula es **=VF(tasa; número de periodos; pago; VA; tipo)**

Con esta fórmula se puede obtener la cantidad que se acumula después de un número de periodos a una tasa de interés.

Diferencia fundamental

1. VA supone un valor constante para los pagos, mientras que VNA admite pagos variables.
2. VA permite que los pagos o reintegros tengan lugar al principio o al final del periodo, mientras que VNA supone que están distribuidos regularmente y tienen lugar al final del periodo.
3. Si los costes de la inversión se deben pagar en el primer momento, no se deben incluir como uno de los argumentos de pago, sino que se deben restar del resultado de la función. Por el contrario, si los costes se han de pagar al final del primer periodo, se deben incluir con valor negativo en el primer argumento de pago.

"La razón de la vida es buscar tres cosas: luz (sinónimo de conocimiento y verdad), paz (sinónimo de armonía con uno y con los demás) y amor hacia nuestros semejantes y a toda la creación". Aníval Torre

Problemas resueltos

1. ¿Qué cantidad de dinero se debe depositar hoy para retirar 5000 dentro de 3 años con una tasa de interés del 8 % semestral?

Solución:

$VF = 5000$ $\qquad VA = VF\left[\frac{1}{(1+\text{tasa})^{\text{Nper}}}\right]$

$\text{Nper} = 3\text{ años} = 6\text{ semestres}$ $\qquad VA = 5000\left[\frac{1}{(1+0{,}08)^{6}}\right]$

$\text{Tasa} = 8\%\text{ semestral}$ $\qquad VA = 3150{,}85$

Usando Excel: **=VA(8%; 6; 5000)**

N.°	Datos					Función	Resultado
	Nper	Tasa	VA	VF	Pago		
1	6	8 %		5000		VA	S/ –3150,85

2. Una persona desea tener ahorrado, para dentro de 3 años, un total de S/10 000. Si el banco ofrece una tasa de interés del 18 % anual, ¿de cuánto debe ser su ahorro inicial para que junto con los intereses tenga el dinero que desea?

Solución:

$VF = 10\,000$ $\qquad VA = VF\left[\frac{1}{(1+\text{tasa})^{\text{Nper}}}\right]$

$\text{Nper} = 3\text{ años}$ $\qquad VA = 10\,000\left[\frac{1}{(1+0{,}18)^{3}}\right]$

$\text{Tasa} = 18\%\text{ anual}$ $\qquad VA = 6086{,}31$

Usando Excel: **=VA(18%; 3; 10000)**

N.°	Datos					Función	Resultado
	Nper	Tasa	VA	VF	Pago		
1	6	8 %		5000		VA	S/ –3,150,85
2	3	18 %		10 000		VA	S/ –6,086,31

3. Una persona espera recibir S/5000 mensuales durante 3 meses. ¿Cuál será la suma presente equivalente hoy a esa serie de pagos si la tasa de interés es del 3 % mensual?

Solución:

$\text{Nper} = 3\,\text{meses}$

$\text{Tasa} = 3\% = 0{,}03$

$\text{Pago} = 5000$

$$\text{VA} = \text{Pago}\left[\frac{(1+\text{tasa})^{\text{Nper}}-1}{\text{tasa}(1+\text{tasa})^{\text{Nper}}}\right]$$

$$\text{VA} = 5000\left[\frac{(1+0{,}03)^{3}-1}{0{,}03(1+0{,}03)^{3}}\right]$$

$$\text{VA} = 14\,143{,}06$$

Usando Excel **=VA(3%; 3; 5000)**

N.°	Datos					Función	Resultado
	Nper	Tasa	VA	VF	Pago		
1	6	8 %		5000		Va	S/ −3,150,85
2	3	18 %		10 000		Va	S/ −6,086,31
3	3	3 %			5000	Va	S/ −14,143,06

4. Un inversionista tiene un contrato de compra con pagos diferidos sobre una maquinaria. El contrato exige el pago de S/140 a fin de cada mes durante un periodo de 5 años. El primer pago es dentro de un mes. El inversionista ofrece el contrato en venta por S/6800 en efectivo hoy. Si se puede obtener el 1 % mensual sobre el dinero en otra inversión, ¿debe aceptarse o rechazarse la oferta del inversionista?

Solución:

$\text{Nper} = 5\,\text{años} = 60\,\text{meses}$

$\text{Tasa} = 1\%\,\text{mensual}$

$\text{Pago} = 140$

$$\text{VA} = \text{Pago}\left[\frac{(1+\text{tasa})^{\text{Nper}}-1}{\text{tasa}(1+\text{tasa})^{\text{Nper}}}\right]$$

$$\text{VA} = 140\left[\frac{(1+0{,}01)^{60}-1}{0{,}01(1+0{,}01)^{60}}\right]$$

$$\text{VA} = 6293{,}71$$

Usando Excel **=VA(1%; 60; 140)**

N.°	Datos					Función	Resultado
	Nper	Tasa	VA	VF	Pago		
1	6	8 %		5000		VA	S/ −3150,85
2	3	18 %		10 000		VA	S/ −6086,31
3	3	3 %			5000	VA	S/ −14 143,06
4	60	1 %			−140	VA	S/6293,71

Respuesta: No debe aceptarse la oferta de la venta al contado.

5. ¿A cuánto equivalen hoy los siguientes depósitos: S/50 al cabo de 4 meses, S/80 un mes después, S/120 tres meses después y S/200 mensuales durante 5 meses a partir del décimo mes? Considere una tasa del 3 % mensual.

Solución:

$$VA = VA1 + VA2 + VA3 + VA4$$

$$VA = VF\left[\frac{1}{(1+tasa)^{Nper}}\right]$$

$$VA1 = 50\left[\frac{1}{(1+0{,}03)^{4}}\right] = 44{,}42$$

$$VA2 = 80\left[\frac{1}{(1+0{,}03)^{5}}\right] = 69{,}01$$

$$VA3 = 120\left[\frac{1}{(1+0{,}03)^{8}}\right] = 69{,}73$$

Para hallar el valor actual de los pagos de 200, VA4, primero halle el valor actual en el mes 9 usando la siguiente fórmula:

$$VA = Pago\left[\frac{(1+tasa)^{Nper}-1}{tasa(1+tasa)^{Nper}}\right]$$

$$VA9 = 200\left[\frac{(1+0{,}03)^{5}-1}{0{,}03(1+0{,}03)^{5}}\right] = 915{,}94$$

Luego, este valor se lleva a tiempo 0.

$$VA = VF\left[\frac{1}{(1+tasa)^{Nper}}\right]$$

$$VA4 = 915{,}94\left[\frac{1}{(1+0{,}03)^{9}}\right] = 701{,}99$$

$$VA = 44{,}42 + 69{,}01 + 94{,}73 + 701{,}99 = 910{,}15$$

Usando Excel:

Meses	Depósitos
1	0
2	0
3	0
4	–50
5	–80
6	0

Meses	Depósitos
7	0
8	–120
9	0
10	–200
11	–200
12	–200
13	–200
14	–200
VNA	S/ –910,16

Usando Excel: **=VNA(3%;;;;50;80;;;120;;200;200;200;200;200)**

6. Una inversión de S/2000 producirá S/500 cada mes durante los próximos cinco meses. Si se deposita en una cuenta bancaria al 4 % mensual, ¿esta inversión es rentable?

Solución:

El 4 % mensual es la tasa de descuento de la inversión. Esta tasa es mínima, así que debe sobrepasar cualquier inversión para ser rentable y a la que se le llamará interés de mercado (COK).

N.°	Datos					Función	Resultado
	Nper	Tasa	VA	VF	Pago		
6	5		–2000		500	Tasa	7,93 %

Dado que la tasa obtenida de 7,93 es mayor que el COK (4 %), se concluye que es una inversión rentable.

7. Si ofrecen S/2500 al final de los cinco meses, en lugar de S/500 al final de cada uno de los cinco meses, ¿sigue siendo una inversión rentable?

Solución:

N.°	Datos					Función	Resultado
	Nper	Tasa	VA	VF	Pago		
7	5		–2000	2500		Tasa	4,56 %

A pesar de haber poca diferencia, aún resulta aceptable porque es mayor que el COK (4%); por lo tanto, se concluye que es una inversión rentable.

8. En un proyecto se invertirá S/300 000 y se espera gastar S/50 000 al final del primer año para obtener beneficios de S/90 000, S/150 000 y S/200 000 al final del segundo, tercer y cuarto año, respectivamente. Se trata de averiguar si el proyecto será rentable, ya que el interés de mercado (COK) es del 10 %.

Solución:

Año	Cantidad
0	–300 000,00
1	–50 000,00
2	90 000,00
3	150 000,00
4	200 000,00
VNA	–21774,47

La fórmula **=VNA(10%, –50000, 90000, 150000, 200000)–300000** da el resultado S/21 774,47, lo cual indica que tendríamos pérdida en esta inversión.

El valor negativo indica cuánto se pierde en el proyecto. El coste inicial de la inversión no está como argumento de la función VNA; por ello, va al final de la fórmula.

También se puede utilizar la función TIR.

Año	Cantidad
0	–300 000
1	–50 000
2	90 000
3	150 000
4	200 000
TIR	7,69 %

El resultado sería 7,69 %, el cual es menor que el COK e indica que habría una pérdida en esta inversión.

¿Qué sucedería si la inversión inicial de S/300 000 se hiciera al final del primer año?

En este caso, la fórmula varía:

La fórmula **=VNA(10%,(–300000-50000),90000,150000,200000)** brinda el resultado S/5498,26, lo cual indica que es una inversión rentable.

9. Se realiza una inversión de S/1000 a dos años al 4 % de interés anual capitalizado trimestralmente. Halle el valor del capital al finalizar el segundo año.

Solución:

$$\text{VA} = 1000$$

$$\text{Nper} = 2 \text{ años} = 8 \text{ trimestres}$$

$$\text{Tasa nominal } r = 4\% \text{ anual capitalizable trimestralmente}$$

$$\text{Tasa efectiva } i = r/n = 4\%/4 = 1\% \text{ trimestral}$$

$$\text{VF} = ?$$

$$\text{VF} = \text{VA}(1+\text{tasa})^{\text{Nper}} = 1000(1+0{,}01)^8 = 1082{,}86$$

Usando Excel **=VF(1%; 8; 1000)**

N.°	Datos					Función	Resultado
	Nper	Tasa	VA	VF	Pago		
9	8	1,00 %	–1000			VF	S/1082,86

Recuerde que la tasa efectiva es la que se emplea en las fórmulas financieras, mientras que la tasa nominal es la tasa referencial que usa la palabra *capitalizable.*

10. Halle el valor futuro que produce un dinero depositado en el banco por un valor de 10 000 durante 2 años y con una tasa de interés del 6 % trimestral.

Solución:

$VA = 10\,000$

$Nper = 2 \text{ años} = 8 \text{ trimestres}$

$Tasa = 6\% \text{ trimestral}$

$VF = ?$

$$VF = VA(1+tasa)^{Nper} = 10\,000(1+0{,}06)^{8} = 15\,938{,}48$$

Usando Excel **=Vf(6%; 8; ; 10000)**

N.°	Datos					Función	Resultado
	Nper	Tasa	VA	VF	Pago		
10	8	6 %	–10 000			VF	S/15 938,48

11. Una persona deposita cada fin de mes la suma de S/100 durante 3 años en un banco que paga el 1,5 % mensual. ¿Qué cantidad retirará al final?

Solución:

$Pago = 100$

$Nper = 3 \text{ años} = 36 \text{ meses}$

$Tasa = 1{,}5\% \text{ mensual}$

$VF = ?$

$$VF = Pago\left[\frac{(1+tasa)^{Nper}-1}{tasa}\right] = 100\left[\frac{(1+0{,}015)^{36}-1}{0{,}015}\right] = 4727{,}60$$

Usando Excel **=VF(1,5%; 36; 100)**

N.°	Datos					Función	Resultado
	Nper	Tasa	VA	VF	Pago		
11	36	1,5 %			–100	VF	S/4727,60

12. Una persona deposita, al final de cada mes, durante dos años, la cantidad de S/1000. Si la cuenta de ahorros paga el 1,5 % mensual, ¿cuánto se acumularía al final del segundo año?

Solución:

$\text{Nper} = 2 \text{ años} = 24 \text{ meses}$

$\text{Tasa} = 1{,}5\% \text{ mensual}$

$\text{VF} = ?$

$\text{Pago} = 1000$

$$\text{VF} = \text{Pago}\left[\frac{(1+\text{tasa})^{\text{Nper}} - 1}{\text{tasa}}\right] = 1000\left[\frac{(1+0{,}015)^{24} - 1}{0{,}015}\right] = 28\,633{,}52$$

Usando Excel **=VF(1,5%; 24; 1000)**

N.°	Datos					Función	Resultado
	Nper	Tasa	VA	VF	Pago		
12	24	1,5 %			–1000	VF	S/28 633,52

13. Compré un automóvil con una cuota inicial de S/1000 y 36 cuotas iguales de S/200. La agencia me cobra el 2,5 % mensual sobre los saldos. Se desea saber:

a. ¿Cuánto debo?

b. Si pago toda la deuda en el último mes, ¿cuánto tengo que pagar?

c. Si pago toda la deuda al final del décimo mes, ¿cuánto debo pagar?

Solución:

a. $$\text{VA} = \text{Pago}\left[\frac{(1+\text{tasa})^{\text{Nper}} - 1}{\text{tasa}(1+\text{tasa})^{\text{Nper}}}\right] = 200\left[\frac{(1+0{,}025)^{36} - 1}{0{,}025(1+0{,}025)^{36}}\right] = 4711{,}25$$

Usando Excel **=VA(2,5%; 36; 200)**

b. $$\text{VF} = \text{Pago}\left[\frac{(1+\text{tasa})^{\text{Nper}} - 1}{\text{tasa}}\right] = 200\left[\frac{(1+0{,}025)^{36} - 1}{0{,}025}\right] = 11\,460{,}28$$

Usando Excel **=VF(2,5%; 36; 200)**

c. Halle el VF de las 10 primeras cuotas y el VA de las 26 últimas cuotas.

$$\text{VF} = \text{Pago}\left[\frac{(1+\text{tasa})^{\text{Nper}} - 1}{\text{tasa}}\right] = 200\left[\frac{(1+0{,}025)^{10} - 1}{0{,}025}\right] = 2240{,}68$$

Usando Excel **=VF(2,5%; 10; 200)**

$$\text{VA=Pago}\left[\frac{(1\text{+tasa})^{\text{Nper}} \text{-1}}{\text{tasa}(1\text{+tasa})^{\text{Nper}}}\right]\text{=}200\left[\frac{(1\text{+}0{,}025)^{26} \text{-1}}{0{,}025(1\text{+}0{,}025)^{26}}\right] = 3790{,}12$$

Usando Excel **=VA (2,5%; 26; 200)**

14. Una persona planea depositar en el banco S/1000 al principio de cada año sabiendo que la tasa de interés es del 10 % por año. Si ahora tiene 40 años, ¿cuánto dinero acumulará cuando cumpla 60 años?

Solución:

La fórmula **=VF(10%,20,–1000,1)**

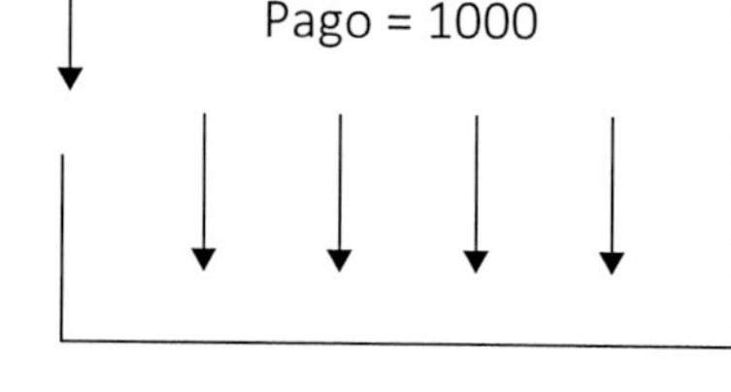

El resultado es S/63 002,50.

Si la persona acumula una cantidad de S/10 000 y se aplica la fórmula **=VF(10%,20,–1000,–10000,1)**, el resultado sería S/130 277,50.

En los dos casos, el argumento tipo es igual a 1 porque los pagos se realizan al inicio del año. Si los pagos fueran cada fin de año, el argumento tipo toma el valor de 0 o bien se podría omitir:

La fórmula **=VF(10%,20,–1000)**

El resultado sería S/57 275,00.

Observe que el valor futuro en el primer caso es mayor porque el dinero está depositado un mayor tiempo.

4.2.4 La función pago

Calcula las cuotas periódicas iguales para amortizar un préstamo en un número dado de periodos.

Su fórmula es **=PAGO (tasa; número de periodos; valor actual; valor futuro; tipo)**

4.2.5 La función pagoint

Calcula la parte del pago correspondiente al interés.

Su fórmula es **=PAGOINT(tasa; periodo; númerodeperiodos; VA; VF; tipo)**

4.2.6 La función pagoprin

Calcula la parte del pago correspondiente a la amortización.

Su fórmula es **=PAGOPRIN(tasa; periodo; númerodeperiodos; VA; VF; tipo)**

La suma de **pagoint** más **pagoprin** para el mismo periodo es igual al **pago**.

El **pagoint** es mayor que el **pagoprin** en los primeros periodos, mientras que el **pagoprin** es mayor que el **pagoint** en los últimos periodos.

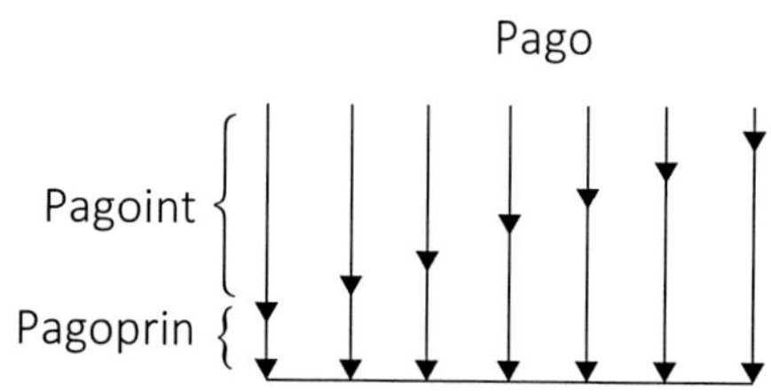

4.2.7 La función NPER

Calcula el número de periodos necesarios para amortizar un préstamo.

Su fórmula es **=NPER(tasa; pago; valoractual; valorfuturo; tipo)**

Problemas resueltos

1. Después de obtener un préstamo por la suma de S/10 000, una persona compra un automóvil y se compromete a devolverlo cada fin de mes con pagos iguales durante 2 años con una tasa de interés del 3 % bimensual. ¿A cuánto asciende cada pago?

Solución:

$VA = 10\,000$ $Nper = 2\text{ años} = 24\text{ meses}$ $Tasa = 3\%\text{ bimensual} = 1{,}49\%\text{ mensual}$ $j = (1+i)^m - 1$ $j = (1+0{,}03)^{1/2} - 1 = 1{,}49\%\text{ mensual}$	$Pago = VA\left[\frac{tasa(1+tasa)^{Nper}}{(1+tasa)^{Nper}-1}\right]$ $Pago = 1000\left[\frac{0{,}0149(1+0{,}0149)^{24}}{(1+0{,}0149)^{24}-1}\right] = 498{,}66$

Usando Excel **=Pago (1.49%; 24; 10000)**

N.°	Datos					Función	Resultado
	Nper	Tasa	VA	VF	Pago		
1	24	1,50 %	10 000			Pago	S/ −499,24

2. Una persona deposita S/100 000 en una cuenta que paga el 5 % semestral. Si se quiere retirar cantidades iguales al final de cada semestre durante 5 años, ¿de qué tamaño sería cada retirada?

Solución:

$VA = -100\,000$ $Tasa = 5\%\text{ semestral}$ $Nper = 5\text{ años} = 10\text{ semestres}$ $Pago = ?$	$Pago = VA\left[\frac{tasa(1+tasa)^{Nper}}{(1+tasa)^{Nper}-1}\right]$ $Pago = 100\,000\left[\frac{0{,}05(1+0{,}05)^{10}}{(1+0{,}05)^{10}-1}\right] = 12\,950$

Usando Excel **=Pago(5%; 10; 100000)**

N.°	Datos					Función	Resultado
	Nper	Tasa	VA	VF	Pago		
1	24	1,50 %	10 000			Pago	S/ −499,24
2	10	0,05 %	−100 000			Pago	S/12 950,46

3. Una estudiante necesita disponer de S/150 dentro de 6 meses para pagar su matrícula. Una corporación le ofrece el 2 % mensual por sus ahorros. ¿Cuánto deberá ahorrar mensualmente?

Solución:

$VF = 150$ $Nper = 6\text{ meses}$ $Tasa = 2\%\text{ mensual}$ $Pago = ?$	$Pago = VF\left[\dfrac{tasa}{(1+tasa)^{Nper}-1}\right]$ $Pago = 150\left[\dfrac{0{,}02}{(1+0{,}02)^{6}-1}\right] = 23{,}78$

Usando Excel **=Pago(2%; 6; 150)**

4. Una persona desea comprar una parcela de 10 hectáreas por S/1000 en efectivo y decidió ahorrar una cantidad igual al final de cada mes con el objetivo de tener los S/1000 requeridos al final de un año. El fideicomiso donde invertirá paga el 6 % anual de interés capitalizado mensualmente. ¿Cuánto deberá depositar cada mes?

Solución:

$VF = 1000$ $Tasa = 6\%/12 = 0{,}5\text{ mensual}$ $Nper = 1\text{ año} = 12\text{ meses}$	$Pago = VA\left[\dfrac{tasa(1+tasa)^{Nper}}{(1+tasa)^{Nper}-1}\right]$ $Pago = 1000\left[\dfrac{0{,}005}{(1+0{,}005)^{12}-1}\right] = 81{,}07$

Usando Excel **=Pago(0,5%; 12; 1000)**

5. ¿Cuánto debe depositarse anualmente durante 10 años para poder retirar S/1500 al final de los años 11, 12, 13, 14? Considere una tasa de interés del 26 % anual.

Solución:

Primero halle el VA de los pagos de 1500.

$$VA = Pago\left[\frac{(1+tasa)^{Nper}-1}{tasa(1+tasa)^{Nper}}\right]$$

$$VA = 1500\left[\frac{(1+0{,}26)^{4}-1}{0{,}26(1+0{,}26)^{4}}\right] = 3480{,}28$$

Usando Excel **=VA(26%; 4; 1500)**

El valor de 3480,28 es el VF de los pagos que se desea calcular.

$$\text{Pago} = \text{VF}\left[\frac{\text{tasa}}{(1+\text{tasa})^{\text{Nper}}-1}\right]$$

$$\text{Pago} = 3480{,}28\left[\frac{0{,}26}{(1+0{,}26)^{10}-1}\right] = 99{,}59$$

Usando Excel **=Pago(26%; 10; 3480,28)**

6. Una persona desea solicitar un préstamo del banco para adquirir un automóvil de S/10 000 a 10 años. Si la tasa de interés es del 12 %, ¿cuál será la cuota mensual?

   Solución:

   Primero la tasa anual se convierte en tasa mensual cuando se divide la tasa del 12 % entre 12 para obtener la tasa del 1 % mensual, ya que esta tasa es aproximada. Luego se convierte el número de periodos en meses: 10 × 12 = 120 meses.

   La fórmula **=PAGO(1%; 120; 10000)**

   El resultado que se obtiene es negativo (S/143,47), además, es el pago mensual.

7. Una persona desea solicitar un préstamo del banco para adquirir un automóvil de S/10 000 a 10 años. Si la tasa de interés es del 12 %, ¿cuál será la cuota mensual por interés y por amortización?

   Solución:

   Cuota mensual por interés

   La fórmula **=PAGOINT(1%; 1; 120; 10000)**

   El interés del pago del primer mes es S/100,00.

   La fórmula **=PAGOINT(1%; 120; 120; 10000)**

   El interés del pago del último mes es S/1,42.

   Cuota mensual por amortización de la deuda

   La fórmula **=PAGOPRIN(1%; 1; 120; 10000)**

   El interés del pago del primer mes es S/43,47.

   La fórmula **=PAGOPRIN(1%; 120; 120; 10000)**

   El interés del pago del último mes es S/142,05.

8. Una persona hizo un préstamo de S/2000 para cancelarlo mediante cuotas iguales de S/134,4. La tasa de interés pactada fue del 3 % mensual. ¿Cuál fue el plazo?

Solución:

Pago = 134,4

Nper = ?

VA = 2000

Tasa = 3% mensual

$$VA = Pago\left[\frac{(1+tasa)^{Nper}-1}{tasa(1+tasa)^{Nper}}\right]$$

$$2000 = 134{,}4\left[\frac{(1+0{,}03)^{Nper}-1}{0{,}03(1+0{,}03)^{Nper}}\right]$$

$$0.446428571 = \left[\frac{(1+0{,}03)^{Nper}-1}{(1+0{,}03)^{Nper}}\right]$$

$$0{,}446428571(1{,}03)^{Nper} = 1{,}03^{Nper}-1$$

$$1 = 1{,}03^{Nper}\left[1-0{,}446428571\right]$$

$$1{,}806451612 = 1{,}03^{Nper}$$

$$\ln 1{,}086451612 = Nper\ \ln 1{,}03$$

$$Nper = 20\ meses$$

$$Nper = 1\ año + 8\ meses$$

Usando Excel **=Nper(3%; –134,4; 2000)**

9. Una persona que se compromete a pagar cada fin de mes S/500 desea saber cuánto tardará en pagar un préstamo de S/12 000 al 2 % mensual de interés.

Solución:

La fórmula **=NPER(2%; –500; l2000)**

Indica que la amortización del préstamo se alargará durante 33 meses.

4.3 Funciones para el cálculo de la tasa interna de retorno

4.3.1 La función tasa

Calcula la tasa de retorno de una inversión que genera una serie de pagos periódicos iguales o un único pago total.

Su fórmula es **=TASA(Nper; pago; valor actual; valor futuro; tipo; estimación)**

El argumento pago indica la serie de pagos periódicos iguales y el argumento valor futuro indica el pago único. El argumento estimación, que, al igual que tipo, es opcional, le indica a Excel el punto de comienzo para el cálculo de la tasa. Si omite el argumento estimación, Excel comienza con una estimación del 10 %.

La función tasa comienza calculando el valor neto actual de la inversión al interés de la estimación. Si este primer valor neto actual es mayor que cero, la función selecciona una tasa más alta y repite el cálculo del valor neto actual. Si el primer valor neto actual es menor que cero, la función selecciona una tasa menor para la segunda iteración, la tasa continúa este proceso hasta que llega a la tasa de retorno correcto o hasta que haya realizado 20 iteraciones. Si al utilizar la función tasa recibe el valor de error #¡NUM!, es probable que Excel no haya podido calcular la tasa en 20 iteraciones. Se recomienda una estimación entre el 10 % y el 100 %.

A. La función tasa interna de retorno (TIR)

Es la tasa con la que el valor neto actual de la inversión es igual a cero. La tasa interna de retorno es la tasa en la que el valor actual de los pagos de una inversión es igual al coste de la inversión.

Su fórmula es **=TIR(valores; estimación)**

El argumento **valores** es una matriz y debe incluir al menos un valor positivo y otro negativo. TIR ignora las celdas con valores lógicos o en blanco. TIR supone que las transacciones tienen lugar al final del periodo y devuelve el interés correspondiente a la longitud del periodo. El argumento estimación da un punto de partida para sus cálculos y es opcional. La tasa interna de retorno se utiliza para comparar distintas posibilidades de inversión.

Si se utiliza la tasa del mercado, una inversión es rentable cuando el valor neto actual es mayor que cero. También se puede afirmar que la tasa de descuento que se necesita para generar un valor neto actual de cero debe ser mayor que la tasa de mercado.

La función TIR está relacionada con la función tasa. La diferencia entre tasa y TIR es similar a la diferencia entre las funciones VA y VNA. TIR considera los costes y pagos variables a lo largo de la inversión. El valor de error #¡NUM! indica que los valores no contienen por lo menos un positivo y un negativo.

B. La función tasa interna de retorno modificada TIRM

Tiene en cuenta el coste del dinero y asume que se reinvertirán los beneficios generados. También considera que las transacciones tienen lugar al final del periodo y calcula la tasa de interés equivalente para la longitud de ese periodo.

Su fórmula es **=TIRM(valores; tasa de financiación; tasa de reinversión)**

El argumento tasa de reinversión es la tasa en la que reinvierte los ingresos. El argumento valores debe ser una matriz que representa una serie de pagos e ingresos que tienen lugar en periodos regulares. Es necesario incluir al menos un valor positivo y otro negativo. El argumento tasa de financiación es la tasa en la que recibe el dinero prestado que necesita para las inversiones.

Diferencia fundamental

La función TIRM es semejante a TIR, ya que calculan la tasa de retorno de una inversión.

La diferencia es que TIRM tiene en cuenta el coste del dinero que pide prestado para financiar la inversión y asume que se reinvertirán los beneficios generados.

Problemas resueltos

1. Se pide determinar la tasa de retorno anual de la inversión de S/3000, que producirá cinco pagos anuales de S/1000.

   Solución:

   La fórmula **=TASA(5; 1000; –3000)**

   brinda el resultado de 19,86 %, que es la tasa de retorno de esta inversión. Se deben usar hasta las centésimas.

2. Una persona compra una camioneta de S/12 000 y espera en los próximos cinco años recibir una renta de S/2500, S/2700, S/3500, S/3800 y S/4000. ¿Cuál es el rendimiento?

   Solución:

   Para hallar el rendimiento (TIR), primero se introducen los seis valores en las celdas **A1:F1** de la hoja. Asegúrese de que introduce la inversión inicial de S/12 000 con signo negativo.

   La fórmula **=TIR(A1:F1)**

   brinda una tasa interna de retorno del 11 %. Si la tasa de mercado fuera del 10 %, puede considerar la compra de la camioneta como una buena inversión.

   La fórmula **=TIRM(A1:F1; 10%; 8%)**

   brinda el resultado de la tasa interna de retorno modificada del 10 %, ya que la tasa de financiación es del 10 % y la reinversión del 8 %.

Problemas propuestos

1. Se desea adquirir un apartamento mediante depósitos en ahorro, de tal modo que al cabo de 5 meses se cuente con S/25 000. Para ello, se deben ahorrar cantidades mensuales iguales en una cuenta de ahorros cuya tasa efectiva anual es 7 %. Calcule la cantidad mensual que debe ahorrarse para la adquisición. Elabore un cuadro que muestre la composición de las series.
2. Se desea adquirir un préstamo de S/16 000, el cual puede ser cancelado mediante 12, 24, 36, 48 o 60 cuotas a una tasa efectiva mensual variable del 1 %, 1,25 %, 1,5 %, 1,75 %, 2 %, según sea la financiera. Apoyándose en una tabla de datos de doble entrada, halle el valor de la cuota en cada caso.
3. Se cuenta con los siguientes ahorristas que han efectuado sus depósitos en cuotas constantes. Calcule la cuantía de los ahorros capitalizados si la tasa efectiva mensual es del 2 %.

Ahorrista	Periodo	Depósito	N.° de depósitos
A	Mensual	S/300	10
B	Semestral	S/800	4
C	Trimestral	S/500	6
D	Bimestral	S/400	8
E	Diario	S/30	100

4. A continuación se muestran los planes de crédito de cuatro firmas importadoras para adquirir maquinaria. ¿Cuál es la mejor opción?

Importadora	Cuota mensual	Tasa de interés mensual	Plazo
A	S/1800	12 %	10
B	S/2400	17 %	8
C	S/2606	20 %	9
D	S/1900	12 %	9

Solución:

Usando Microsoft Excel

N.°	Datos	Fx	Resultado (S/)
1	VF=25 000, Nper=5, tasa=(7/12)%	Pago	4942,01
2A	VA=16 000, Nper=12, tasa=1,00%	Pago	1421,58
2B	VA=16 000, Nper=24, tasa=1,25%	Pago	775,79
2C	VA=16 000, Nper=36, tasa=1,50%	Pago	578,44
2D	VA=16 000, Nper=48, tasa=1,75%	Pago	495,45
2E	VA=16 000, Nper=60, tasa=2,00%	Pago	460,29
3A	Pago=300, Nper=10, tasa=2%	VF	3284,92

N.°	Datos	Fx	Resultado (S/)
3B	Pago=800, Nper= 4, tasa=12%	VF	3823,46
3C	Pago=500, Nper=6, tasa=6%	VF	3487,66
3D	Pago=400, Nper=8, tasa=4%	VF	3685,69
3E	Pago=30, Nper=100, tasa=(2/30)%	VF	3101,19
4A	Pago=1800, tasa=12%, Nper=10	VA	10170,40
4B	Pago=2400, tasa=17%, Nper=8	VA	10097,19
4C	Pago=2606, tasa=20%, Nper=9	VA	10504,70
4D	Pago=1900, tasa=12%, Nper=9	VA	10123,67

4.4 Depreciación y sus causas

Introducción

Una de las preocupaciones de los empresarios es la renovación de los equipos, la maquinaria y los activos tangibles en general. Pero, para comprar uno nuevo, es necesario contar con dinero, que bien se podría ir aprovisionando con la depreciación de los activos actuales. Con el cambio tecnológico, no solo se trata de que una máquina funcione bien, sino que, además, sea eficiente y genere una rentabilidad atractiva. Los que desconocen los efectos de la depreciación trabajan con máquinas obsoletas que minimizan los ingresos o compran máquinas cuya vida útil es muy corta. Por ejemplo, las instituciones educativas compran ordenadores portátiles, cuya vida útil es de uno o dos años, y no prefieren los ordenadores, que tienen una vida útil de seis o siete años. En muchos países desarrollados, los compradores de automóviles pagan un coste adicional para renovar el coche cuando salga un nuevo modelo.

4.4.1 Depreciación

La depreciación es el decremento de valor de un bien tangible por factores como el uso o desuso y el cambio tecnológico.

El valor del bien varía en cada periodo. Este valor no necesariamente es real. Por ello, se le denomina **valor en libros**. Técnicamente, se ejecuta la depreciación con el objetivo de ir aprovisionando recursos para renovar un bien cuando este cumpla su vida útil.

La depreciación de cada periodo es un procedimiento contable para expresar la pérdida de valor que sufren los activos durante su utilización. La depreciación acumulada refleja, a su vez, la suma de las depreciaciones de cada periodo transcurrido.

4.4.2 Causas de la depreciación

Uso o desuso de los bienes, que genera el desgaste.

Cambio tecnológico, que genera la obsolescencia.

El **desgaste** es un concepto *físico*. Se refiere al **deterioro** de un bien de capital debido a su uso, que se resuelve vía mantenimiento constante y permanente de este. Los bienes que están en desuso también se deterioran, producto del intercambio de materias con el ambiente.

La **obsolescencia** es un concepto *técnico*. Se refiere a los activos de una empresa que se han quedado en el **atraso tecnológico**, es decir, el coste económico de los bienes o servicios que producen ya no son eficientes ni aceptables en el mercado.

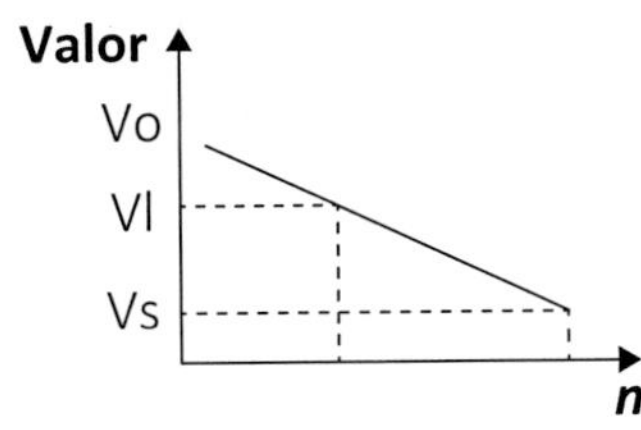

Elementos
D = depreciación
Vo = valor inicial del bien
Vl = valor en libros
Vs = valor de salvamento
n = vida útil

4.4.3 Métodos

Los métodos de depreciación más comunes son:

» Línea recta

» Suma de los dígitos

» Doble tasa sobre saldo decreciente

» Fondo de acumulación

A. Método de línea recta

Este método supone que la depreciación se efectúa en partidas anuales iguales y es el de uso más frecuente en las empresas por la facilidad de los cálculos. Pero cabe indicar que no todos los activos tienen este comportamiento. Excel utiliza la función SLN para su cálculo.

$$D=\frac{Vo-Vs}{n}$$

Fórmula 4.1

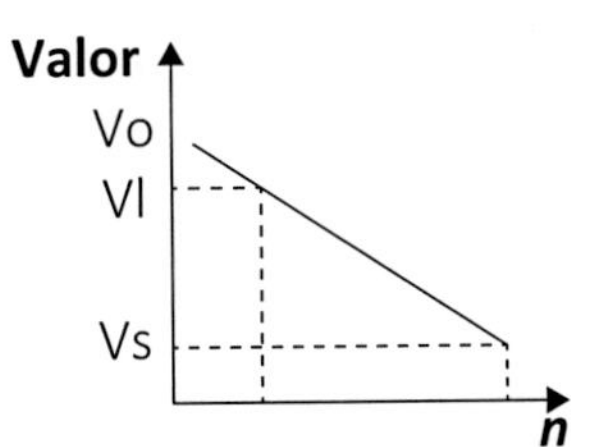

Elementos
D = depreciación
Vo = valor inicial del bien
Vl = valor en libros
Vs = valor de salvamento
n = vida útil

EJEMPLO 1

En la compra de una maquinaria se invierten S/10 000. Si en el periodo de evaluación de 9 años se espera recibir un ingreso total de S/9000, en moneda de hoy, aparentemente habría una pérdida de S/1000. Sin embargo, al final de los 9 años, se tiene aún la maquinaria, la cual, aunque no se proyecte venderla, tiene un valor que se calcula, entre otras alternativas, como al que se podría vender. Si este resulta en S/3000 en moneda de hoy, el proyecto hubiese dado entonces un beneficio de S/2000.

Solución:

De lo anterior, el valor o cuantía a depreciar se obtiene sustrayendo el valor residual del valor de adquisición, esto es, los S/10 000 menos S/1000 (valor al cual se podría vender).

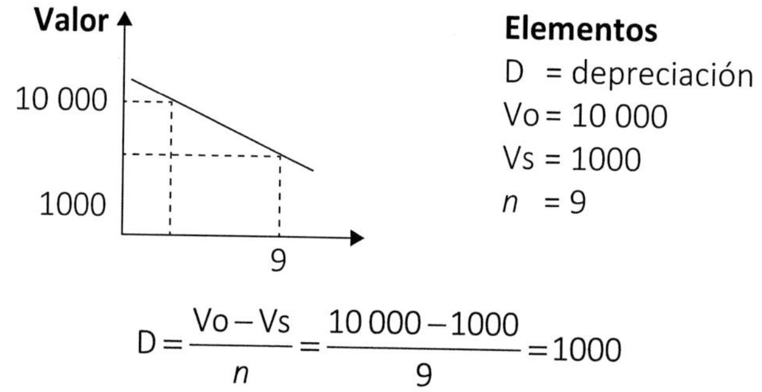

$$D=\frac{Vo-Vs}{n}=\frac{10\,000-1000}{9}=1000$$

EJEMPLO 2

Halle la depreciación y el valor en libros para un bien cuyo valor inicial es de S/10 000 y el valor de rescate es S/3000, además, la vida útil es de 7 años.

Solución:

$$D=\frac{Vo-Vs}{n}$$

$$D=\frac{10\,000-3000}{7}=1000$$

Periodo	Depreciación	Valor en libros
0		10 000
1	1000	9000
2	1000	8000
3	1000	7000
4	1000	6000
5	1000	5000
6	1000	4000
7	1000	3000

EJEMPLO 3

Halle la depreciación y el valor en libros para un bien cuyo valor en libros en el año 5 es de 8000 y en el año 10 es de 5000 si su vida útil es de 12 años.

Solución:

$$D=\frac{V_5-V_{10}}{10-5}$$

$$D=\frac{8000-5000}{5}=600$$

Periodo	Depreciación	Valor en libros
0		11 000
1	600	10 400
2	600	9800
3	600	9200
4	600	8600
5	600	8000
6	600	7400
7	600	6800
8	600	6200
9	600	5600
10	600	5000
11	600	4400
12	600	3800

EJEMPLO 4

Un coche costó S/2475 y tiene una vida útil de 4 años con un valor de rescate de S/400. Se pide lo siguiente:

a. Hallar la depreciación anual.

b. Hallar la tasa anual de depreciación.

c. Hallar el valor contable al final del tercer año.

d. Elaborar una tabla de depreciación.

Solución:

a. $D=\frac{Vo-Vs}{n}=\frac{2475-400}{4}=518{,}75$

b. Cálculo de la tasa de depreciación:

$$Tasa=\frac{518{,}75}{2475}=20{,}96\%$$

c. Valor en libros del tercer año:

$$Vl(i)=V_0-D\cdot i$$

$$Vl(3)=2475-518{,}75(3)=918{,}75$$

d. Tabla de depreciación:

Periodo	Depreciación	Valor en libros
0	0	2475,00
1	518,75	1956,25
2	518,75	1437,50
3	518,75	918,75
4		400,00
	518,75	

B. Método uniforme. Cálculo del tipo de depreciación en porcentaje relativo

Pasos

I. Hallar la depreciación anual	$D=\dfrac{Vo-Vr}{n}$
II. Hallar el valor de uso	$V=Vo-Vr$
III. Hallar el tipo de depreciación	$T=\dfrac{D}{V}$

EJEMPLO 1

Se compra un mueble por valor de S/6000. Calcule el tipo de depreciación anual expresado en porcentaje relativo si su valor residual se calcula en S/2000 dentro de 5 años.

Solución:

I. Depreciación anual	$D=\dfrac{6000-2000}{5}=800$
II. Valor de uso	$V=6000-2000=4000$
III. Tipo de depreciación	$T=\dfrac{800}{4000}=0{,}20=20\%$

EJEMPLO 2

Se compra un edificio por valor de S/120 000. Calcule el tipo de depreciación anual expresado en porcentaje relativo si su valor residual se calcula en S/40 000 dentro de 10 años.

Solución:

I. Depreciación anual	$D=\dfrac{120\,000-40\,000}{10}=8000$
II. Valor de uso	$V=120\,000-40\,000=80\,000$
III. Tipo de depreciación	$T=\dfrac{8000}{80\,000}=0{,}10=10\%$

IV. Método del porcentaje fijo del valor decreciente en los libros

Se obtiene de la fórmula de descuento compuesto:

$$Vr = V_0(1+i)^n$$

Despejando:

$$i = 1 - \sqrt[n]{\frac{V_r}{V_0}}$$

Pasos

I. Hallar el tanto por ciento fijo $i = 1 - \sqrt[n]{\frac{V_r}{V_0}}$

II. Hallar el valor en libros $V = V_0 \times i$

EJEMPLO 1

Una máquina cuesta 150 000 y tiene un rendimiento de 5 años con un valor residual de 3000. ¿Cuál es el tanto por ciento fijo de depreciación anual? Efectúe el cuadro comparativo de depreciaciones.

Solución:

$$i = 1 - \sqrt[n]{\frac{V_r}{V_0}} = 1 - \sqrt[5]{\frac{3000}{15\,000}} = 0{,}2752 = 27{,}52\%$$

Años	Cargo anual	Cargo acumulado	Valor en libros
0	0,00	0,00	15 000,00
1	4128,00	4128,00	10 872,00
2	2991,97	7119,97	7880,03
3	2168,58	9288,56	5711,44
4	1571,79	10 860,35	4139,65
5	1139,23	11 999,58	3000,42

4.5 Funciones para el cálculo de la depreciación

4.5.1 Definición de términos

Argumento	Descripción
Coste	Coste inicial del bien
Vida útil	Medida de tiempo a lo largo de la cual se deprecia el bien (en número de periodos)
Periodo	Periodo individual sobre el que se desea realizar los cálculos
Valor residual	Valor que aún posee el bien después de la depreciación

Fuente: *Guía completa de Microsoft Excel.*

4.5.2 La función SLN

Calcule la depreciación de un activo fijo usando el método de línea recta. La depreciación es uniforme a lo largo de la vida útil.

Su fórmula es **=SLN(costo; valor residual; vida)**

4.5.3 La función DDB

Calcule la depreciación de un activo fijo usando el método de doble disminución de saldo, que estima una depreciación acelerada (mayor durante los primeros periodos que durante los últimos). La depreciación se calcula como un porcentaje del valor contable del bien (el coste del bien menos cualquier depreciación previa).

Su fórmula es **=DDB(costo; valor residual; vida; periodo; factor)**

Los argumentos de DDB deben ser números positivos y se deben usar las mismas unidades de tiempo para la vida y el periodo, es decir, si la vida útil está en meses, el periodo también debe estar en meses.

El argumento **factor** es opcional y tiene un valor por omisión de 2, que indica que se usa el método normal de doble disminución de saldo. Si se da un valor de 3 al factor, esto indica que se usará el método de triple disminución de saldo.

4.5.4 La función DB

Calcula la depreciación por el método de disminución de saldo fijo y puede calcular la depreciación durante un periodo concreto de la vida útil del bien.

Su fórmula es **=DB(costo; valor residual; vida; periodo; mes)**

Los argumentos **vida** y **periodo** deben tener las mismas unidades. El argumento mes es el número de meses del primer año. Si se omite este parámetro, Excel supone que el mes vale 12, un año completo.

4.5.5 La función DVS

Calcula la depreciación durante cualquier periodo completo o parcial usando el método de doble disminución de saldo u otro factor de depreciación acelerada que se especifique (DVS significa 'disminución variable de saldo').

Su fórmula es **=DVS(costo; valor_residual; vida; periodo_inicial; periodo_final; factor; sin cambio)**

El argumento **periodo inicial** es el periodo tras el cual se calcula la depreciación. El argumento **periodo final** es el último periodo para el que se calcula la depreciación. Estos argumentos permiten determinar la depreciación en cualquier periodo de tiempo a lo largo de la vida útil del bien.

Los argumentos **vida**, **periodo inicial** y **periodo final** deben tener las mismas unidades (días, meses, años, etc.). El argumento **factor** es la razón a la que disminuye el saldo. El argumento **sin cambio** es un valor que indica si se debe cambiar a depreciación directa cuando esta es mayor que la disminución del saldo.

Los dos últimos argumentos son opcionales. Si se omite **factor**, Excel asume que el valor del parámetro es 2 y usa el método de doble disminución de saldo. Si se omite **sin cambio** o se pone a 0 (**falso**), Excel cambia a depreciación directa cuando la depreciación es mayor que la disminución de saldo. Para evitar que Excel haga este cambio se incluye el parámetro **sin cambio** con un valor 1 (**verdadero**).

4.5.6 La función SYD

Calcula la depreciación de un bien durante un periodo de tiempo concreto usando el método de anualidades. Con este método, la depreciación se calcula a partir del coste del bien menos su valor residual. Al igual que el método de doble disminución de saldo, este otro método es un método de depreciación acelerado.

Su fórmula es **=SYD(costo; valor residual; vida; periodo)**

La unidad de tiempo para los parámetros **vida** y **periodo** debe ser la misma.

Problemas resueltos

1. Calcule la depreciación por el método lineal (directo) de un automóvil que costó S/12 000 y que tiene una vida útil de 5 años con un valor de rescate de S/2000.

   Solución:

   La fórmula **=SLN(12000; 2000; 5)** brinda el resultado de la depreciación por el método directo y es de S/2000 anuales.

2. Calcule la depreciación por el método de doble disminución de saldo de un automóvil que costó S/12 000 y que tiene una vida útil de 5 años con un valor de rescate de S/2000.

   Solución:

   La fórmula **=DDB(12000; 2000; 60; 1)** brinda el resultado de la depreciación por doble disminución de saldo del primer mes y es de S/400.

   La fórmula **=DDB(12000; 2000; 5; 1)** brinda el resultado de la depreciación por doble disminución de saldo del primer año y es de S/4800.

   La fórmula **=DDB(12000; 2000; 5; 5)** brinda el resultado de la depreciación por doble disminución de saldo del último año y es de S/0.

3. Calcule la depreciación por el método de disminución de saldo fijo para el primer periodo de una maquinaria de S/8000 que tiene un valor de rescate de S/1000, una vida útil de cinco años y ocho meses en el primer año.

   Solución:

   La fórmula **=DB(8000; 1000; 5; 1; 8)** brinda el resultado S/1813,33.

4. Se adquiere una camioneta por el valor de S/8500 al final del segundo trimestre del presente año y se espera que dentro de seis años tenga un valor de rescate de S/1000. Se pide determinar la depreciación de la camioneta para los dos próximos años (del cuarto al décimo primer trimestre).

   Solución:

   La fórmula **=DVS(8500; 1000; 24; 3; 11)** brinda el resultado S/3283,20.

   La unidad de tiempo es el trimestre. Fíjese en que el parámetro periodo inicial es 3 y no 4, ya que se están obviando los tres primeros periodos para comenzar en el cuarto.

   Cuando en la fórmula no se incluye el parámetro factor, Excel calcula la depreciación con el método de doble disminución de saldo.

   Se pide determinar la depreciación para el mismo periodo con un factor de 1,5.

   La fórmula **=DVS(8500; 1000; 24; 3; 11; 1,5)** brinda el resultado S/2158,83.

5. Calcule la depreciación de una máquina de S/8500 cuya vida útil es de cinco años y tiene un valor residual de S/1000.

   Solución:

   La fórmula **=SYD(8500; 1000; 5; 1)**

   Calcule la depreciación por el método de anualidades correspondiente al primer año.

   El resultado obtenido es S/2500.

   La fórmula **=SYD(8500; 1000; 5; 3)**

   Calcule la depreciación por el método de anualidades correspondiente al tercer año.

   El resultado obtenido es S/1500.

"Todo es vida, nada se pierde en el universo. Todo es vida. Los fracasos, los sufrimientos, las desesperanzas abren un surco con la impronta del amor, cuya virtualidad solo aparentemente queda infecunda".
Michel Barlow

4.6 Criterios de evaluación de alternativas

Introducción

Para evaluar alternativas de inversión se utiliza un conjunto de criterios, los cuales permiten tomar decisiones acertadas. Los principales criterios para analizar la rentabilidad económica de un proyecto son los siguientes:

Valor actual neto	(VNA)
Tasa interna de retorno	(TIR)
Coeficiente beneficio-coste	(B/C)
Periodo de recuperación de la inversión	(NPER)
Coste anual equivalente	(pago)

4.6.1 Coste de oportunidad

Es el valor dejado de ganar por no haber tomado la mejor alternativa de todas las que existen.

EJEMPLO

Si el propietario de un taller mecánico tiene beneficios contables de S/8000, en realidad tendrá un beneficio económico negativo de S/2000, ya que puede obtener ingresos de S/10 000 como mecánico de una cadena de montaje de automóviles.

4.6.2 Coste de oportunidad del capital (COK)

Es una tasa promedio del mercado y es la rentabilidad mínima que una inversión debería tener para que sea rentable.

EJEMPLO

Si el coste de oportunidad del capital COK es del 11 % anual y una persona tiene un negocio de venta de ropa con una rentabilidad anual del 8 %, se diría que el negocio no es rentable porque mejor sería que su capital lo deposite en un banco que le ofrezca el 11 % anual.

4.6.3 Criterio valor neto actual (VNA)

Es la diferencia entre todos los ingresos y los costes expresados en la moneda actual, es decir, los beneficios netos actualizados. Este valor indica el excedente económico actualizado que producirá el proyecto durante su horizonte de evaluación.

Este criterio plantea que el proyecto debe aceptarse si su valor actual neto es mayor o igual a 0. El hecho de que se acepte un proyecto con un VNA igual a 0 indica que proporciona igual beneficio que la mejor alternativa de inversión. Esto se debe a que la tasa de descuento utilizada incluye el coste implícito de oportunidad de la inversión.

4.6.4 Criterio tasa interna de retorno o tasa interna de rendimiento (TIR)

Es la tasa de descuento que hace que los ingresos y costes actualizados sean iguales, esto es, que el VNA sea igual a 0.

Según este criterio, el proyecto debe aceptarse si su tasa interna de retorno es mayor o igual que el coste de oportunidad del capital (COK). La consideración de aceptación de un proyecto cuyo TIR es igual al COK se basa en los mismos aspectos para los cuales el VNA es igual a 0.

4.6.5 Desventajas de usar la TIR

Un primer problema se presenta cuando los flujos exhiben más de un cambio de signo. Según la ley de signos de Descartes, en estos casos podrían existir tantas tasas internas de retorno como cambios de signo haya, aunque a veces varios cambios de signos solo tienen una TIR.

Otro problema que se presenta es cuando debe elegirse uno entre dos o más proyectos excluyentes. Así, hay también TIR positivas e iguales para proyectos con VNA positivos y negativos.

EJEMPLO

Frente a una inversión de 1000 dólares se proyecta un retorno de cuatro cuotas anuales iguales a 350 dólares. El inversionista aceptaría invertir en este proyecto si le reporta, al menos, 10 % anual de rentabilidad (tasa de descuento = COK).

$$\text{VNA} = -1000 + 350\left[\frac{(1+0{,}1)^4 - 1}{0{,}1(1+0{,}1)^4}\right] = -1000 + 1109{,}45 = 109{,}45$$

Primero se calcula el VA de las cuatro cuotas de 350 dólares cada una, de modo que se obtiene un valor, unos 1109,45 dólares. Luego, se resta a esta cantidad el valor de la inversión, con lo que se tendría un VNA de 109,45 dólares.

Según esto, el inversionista recibiría 109,45 dólares por el 10 % que quería obtener después de recuperar la inversión.

Si el VNA es positivo (109,45 dólares), el inversionista gana más de lo que quiere y la TIR es mayor que la tasa exigida.

Si el VNA es 0, el inversionista gana justamente lo que quería y la TIR es igual a la tasa exigida.

Si el VNA es negativo, el inversionista no alcanza a ganar todo lo que quiere y la TIR es inferior a la tasa exigida.

En el problema anterior se aprecia que cuando el inversionista exigía un retorno del 10 %, el proyecto le entregaba eso y 109,45 dólares más; es decir, está ganando más del 10 %. Probablemente, si el inversionista quisiera un retorno del 11 %, el proyecto se lo daría y aun así habría un excedente. Como todo este excedente es del inversionista, la tasa interna de retorno TIR busca determinar hasta cuánto podría el inversionista aumentar la tasa de retorno exigida. En otros términos, hasta cuánto podrá ganar. Aunque él le pida al proyecto un 10 %, la TIR le informa hasta cuánto podría él pedir y el proyecto entregar. Para ello, buscará aquella tasa que haga el VNA igual a 0, es decir, que el valor actual del flujo sea igual al de la inversión.

En el problema, para que el VNA sea 0, el valor actual del flujo de cuatro cuotas iguales de 350 dólares deberá ser igual a 1000 dólares. Esto se da a una tasa del 14,96 % (TIR) e indica que el proyecto está en condiciones de darle al inversionista un retorno del 14,96 %.

$$1000 = 350\left[\frac{(1+\text{tasa})^4 - 1}{\text{tasa}(1+\text{tasa})^4}\right]$$

Por tanteo, TIR = 14,96 %.

4.6.6 Criterio periodo de recuperación de la inversión (PRI)

Es el número de periodos necesarios para recuperar la inversión inicial, resultado que se compara con el número de periodos aceptables para la empresa. Este ignora las ganancias posteriores al periodo de recuperación y subordina la aceptación a un factor de liquidez más que de rentabilidad.

En una situación estable y normal difícilmente se tomará una decisión basada solo en este criterio, pero sí puede ser una importante información complementaria cuando la diferencia entre los VNA de dos proyectos no es significativa y se visualiza una posibilidad de cambio en las condiciones futuras del entorno.

4.6.7 Criterio coeficiente beneficio/coste (B/C)

Es un indicador que expresa la relación entre el total de los beneficios actualizados y los costes actualizados. Este no expresa el resultado total de los beneficios netos obtenidos por el proyecto, por cuyo motivo se tiene que recurrir al cálculo del VNA.

4.7 Otros criterios de evaluación de alternativas

4.7.1 Criterio punto de equilibrio

En toda inversión es una gran preocupación conocer a partir de cuántas unidades o a partir de qué cantidad de servicios prestados se tendrá una ganancia.

El punto de equilibrio o cantidad económica es la intersección entre las funciones de ingreso y costes.

EJEMPLO

La línea roja es la función **coste total** y la línea azul es la función **ingresos totales**.

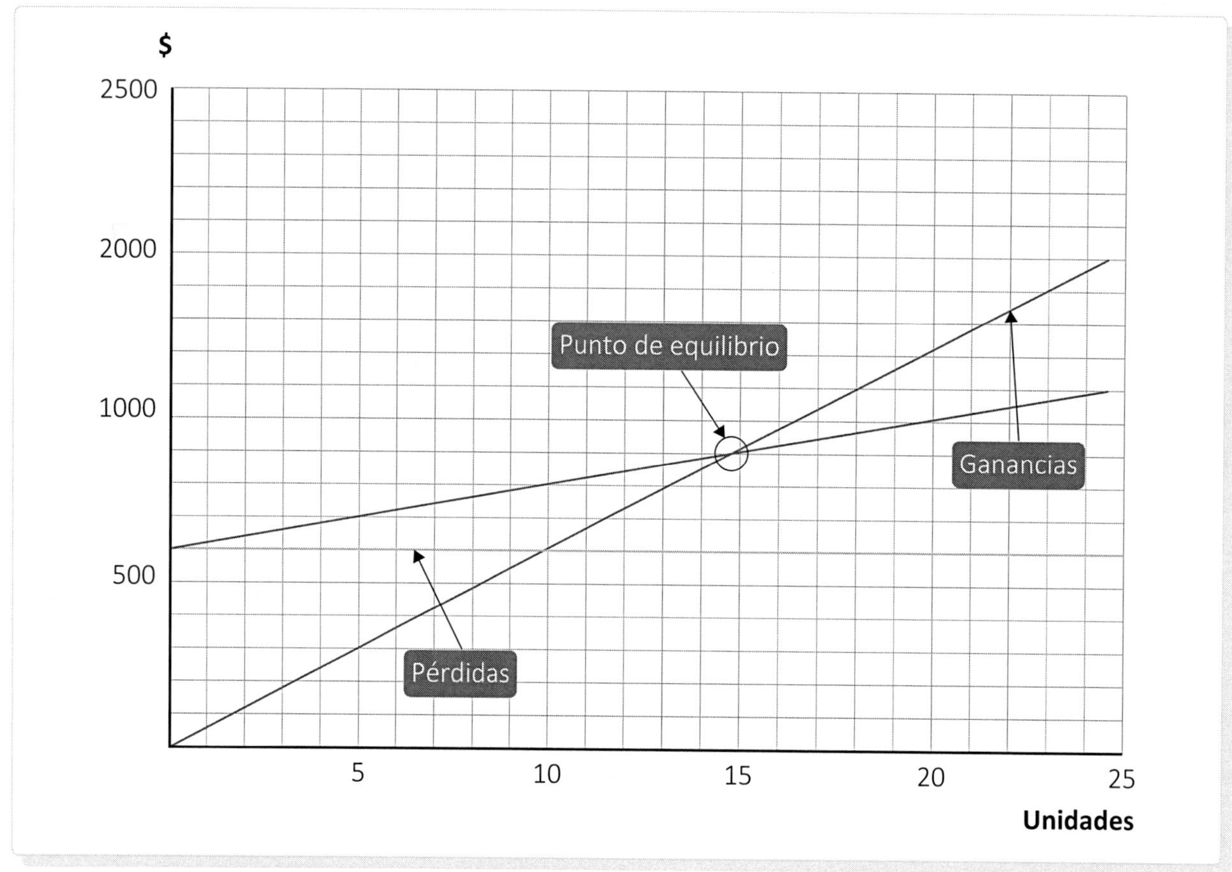

Fuente: Elaboración propia.

Si se produce menos de la cantidad económica habrá pérdidas, y si la cantidad es mayor que la cantidad económica habrá ganancias.

Ingresos totales $IT = p \cdot q$
Costes totales $CT = CF + CV = CF + cv \cdot q$

donde CF = coste fijo
p = precio unitario
CV = coste variable
cv = coste variable unitario
q = cantidad
q_e = cantidad económica

Igualando:

$$IT = CT$$
$$p \cdot q = CF + cv \cdot q$$
$$p \cdot q - cv \cdot q = CF$$
$$q \cdot (p - cv) = CF$$

$$q_e = \frac{CF}{p - cv}$$

Fórmula 5.1

4.7.2 Criterio análisis de sensibilidad

Es un procedimiento que permite medir cómo de sensible es la evaluación realizada ante las variaciones de una o más variables relevantes del proyecto.

El análisis de sensibilidad puede ser unidimensional o multidimensional. En el primer caso, la sensibilización se realiza haciendo cambios en una sola variable, mientras que, en el segundo, se incorporan cambios simultáneos en dos o más variables para examinar el efecto que tienen sobre los resultados de la evaluación.

El análisis de sensibilidad del VNA y de la TIR puede realizarse de dos formas. Una es haciendo cambios en los valores de las variables para ver cómo se modifica el VNA o la TIR del proyecto. La otra es determinando hasta dónde pueden modificarse las variables para que el proyecto siga siendo rentable, esto es, que el VNA sea igual a 0, o lo que es lo mismo, que la TIR sea igual a la tasa de descuento (COK).

El análisis de sensibilidad del beneficio consiste en saber cómo varía el beneficio ante los cambios de los precios y los volúmenes de ventas, para lo cual se recurre al análisis de punto de equilibrio. Para un análisis de sensibilidad, el programa Excel se basa en herramientas como **Buscar** y **Solver**. También se puede usar el programa LINDO, que resuelve cualquier modelo matemático.

Problemas resueltos

1. El propietario de un negocio tiene ingresos mensuales que ascienden a S/550 y gasta mensualmente S/100 en remuneraciones, en mercancías S/200, en seguros S/20 y S/40 en publicidad. El propietario podría trabajar para otro negocio, por el cual recibiría S/160 mensuales y alquilar el suyo a S/75 el mes. ¿Cuál es el beneficio (o pérdida) económico de este propietario?

Solución:

Usando Excel:

	Datos	Subtotal	Total
Alternativa 1	Ingresos por el negocio		550
	Remuneraciones	100	
	Mercancías	200	
	Seguro	20	
	Publicidad	40	
	Gasto total		360
	Beneficio		190
Alternativa 2	Ingresos por trabajar en otro negocio		160
	Alquiler		75
	Beneficio		235
	Pérdida (190 – 235)		–45

2. ¿Cuál es la cantidad máxima que estaría dispuesto a invertir en un negocio del cual espera recibir beneficios netos anuales de S/300 000 durante 8 años si puede conseguir recursos al 7 % anual?

Solución:

Usando Excel:

N.°	Datos	Fx	Resultado
2	Pago = 300 000, Nper = 8, tasa = 7%	Va	1 791 389,55

La cantidad máxima es 1 791 389,55.

3. En una empresa en funcionamiento se estima que una inversión de S/100 000 en un nuevo equipo de alta tecnología permitirá ahorrar costes por S/80 000 durante 5 años. Se pide determinar si conviene la inversión mediante el cálculo de la TIR, ya que la tasa de descuento es del 25 %.

Solución usando Excel:

N.°	Datos	Fx	Resultado
3	Va = 100 000, Vf = 180 000, Nper = 5	Tasa	0,124746113

No conviene la inversión en un nuevo equipo.

4. En una compañía siderúrgica se considera la elección de compra entre dos máquinas. La máquina A tendrá un coste inicial de $15 000, un coste anual de mantenimiento y operación de $3000 y un valor de rescate de $3000. La máquina B tendrá un coste inicial de $22 000, un coste anual de mantenimiento de $1500 y un valor de rescate de $5000. Si se espera que las dos máquinas tengan una vida útil de 10 años, determine cuál de las máquinas debe seleccionarse a partir de sus valores presentes utilizando una tasa de interés del 12 %.

Solución usando Excel:

	Máquina A	**Máquina B**
Coste inicial	15 000	22 000
Coste anual	3000	1500
Valor de rescate	3000	5000
Vida útil	10 años	10 años

Año	**Máquina A**	**Máquina B**
0	–15 000	–22 000
1	–3000	–1500
2	–3000	–1500
3	–3000	–1500
4	–3000	–1500
5	–3000	–1500
6	–3000	–1500
7	–3000	–1500
8	–3000	–1500
9	–3000	–1500
10	0	3500
VNA	–30 984,75	–28 865,47

Respuesta: Conviene B.

5. Un servicio público debe decidir entre dos tamaños diferentes de tuberías para una red de suministro principal de agua. Una línea de 10 pulgadas tendría un coste inicial de $35 000, mientras que una línea de 12 pulgadas costaría $55 000. Puesto que hay menos pérdidas de carga en la línea de 12 pulgadas, se espera que el coste de bombeo para la línea más larga sea de $3000 menos por año que para la línea de 10 pulgadas. Se sabe que las tuberías tienen una vida útil de 20 años. ¿Qué tamaño debe seleccionarse si la tasa de interés es del 6 %?

Solución usando Excel:

	10 pulgadas	**12 pulgadas**
Coste inicial	35 000,00	55 000,00
Coste bombeo	3000,00	0,00
Vida útil	10 años	10 años

Año	10 pulgadas	12 pulgadas
0	–35 000,00	–55 000,00
1	–3000,00	0,00
2	–3000,00	0,00
3	–3000,00	0,00
4	–3000,00	0,00
5	–3000,00	0,00
6	–3000,00	0,00
7	–3000,00	0,00
8	–3000,00	0,00
9	–3000,00	0,00
10	–3000,00	0,00
11	–3000,00	0,00
12	–3000,00	0,00
13	–3000,00	0,00
14	–3000,00	0,00
15	–3000,00	0,00
16	–3000,00	0,00
17	–3000,00	0,00
18	–3000,00	0,00
19	–3000,00	0,00
20	–3000,00	0,00
VNA	–69 409,76	–55 000,00

Respuesta: Conviene la de 12 pulgadas.

6. Una pareja está tratando de decidir si compra o alquila una casa. Esta puede comprar una casa con una cuota inicial de $5000 y una cuota mensual de $150. Además, espera que los impuestos y el seguro asciendan a $60 mensuales. Además, piensa pintar la casa dentro de 4 años a un coste de $300. Por otra parte, puede alquilar una casa por $125 mensuales con un depósito de $300, el cual será devuelto cuando desocupe la casa. Aunque compren o alquilen, los servicios serían alrededor de $35 mensuales en cualquiera de los dos casos. La pareja espera poder vender la casa por $3000 más lo que pagaron en seis años. ¿Debe comprar o alquilar una casa si la tasa de interés es del 12 % nominal anual?

Solución:

Usando Excel:

	Compra	Alquiler
Coste inicial	5000	300
Cuota mensual	150	125
Impuestos + seguros	60	
Servicios	35	35
Pintado cada 4 años	300	

	Compra	Alquiler
Recuperación	8000	300
Vida útil	6 años	6 años

Meses	Compra	Alquiler
0	–5000	–300
1	–245	–160
2	–245	–160
3	–245	–160
4	–245	–160
5	–245	–160
6	–245	–160
7	–245	–160
...	...	...
70	–245	–160
71	–245	–160
72	7755	140
VNA	–7038,80	–1632,87

Respuesta: Conviene el alquiler.

7. Un ingeniero consultor quiere determinar cuál de los dos métodos, manual o automático, se debe utilizar para limpiar una red de alcantarillado. Una malla de limpieza manual tendría un coste inicial de instalación de \$400. Se espera que la mano de obra para la limpieza cueste \$800 el primer año, \$850 el segundo año, \$900 el tercer año y que aumente \$50 cada año. Una malla de limpieza automática tendría un coste inicial de \$2500 con un coste anual de energía de \$150. Además, el motor tendría que ser reemplazado cada dos años a un coste de \$40 por un motor. Se espera que el mantenimiento general sea de \$100 el primer año y que aumente \$10 cada año. La malla manual tiene una vida útil de 20 años y la malla automática tiene una vida útil de 10 años. ¿Qué método se debe seleccionar si la tasa de interés es del 6 %?

Solución:

Usando Excel:

Año	Manual	Automática			
0	–400	–2500			–2500
1	–800	–150	0	–100	–250
2	–850	–150	–40	–110	–300
3	–900	–150	0	–120	–270
4	–950	–150	–40	–130	–320
5	–1000	–150	0	–140	–290
6	–1050	–150	–40	–150	–340
7	–1100	–150	0	–160	–310
8	–1150	–150	–40	–170	–360

Año	Manual	Automática			
9	–1200	–150	0	–180	–330
10	–1250	–2650	–40	–190	–2880
11	–1300	–150	0	–200	–350
12	–1350	–150	–40	–210	–400
13	–1400	–150	0	–220	–370
14	–1450	–150	–40	–230	–420
15	–1500	–150	0	–240	–390
16	–1550	–150	–40	–250	–440
17	–1600	–150	0	–260	–410
18	–1650	–150	–40	–270	–460
19	–1700	–150	0	–280	–430
20	–1750	–150	–40	–290	–480
VNA	–13 937,46				–7858,49

Respuesta: Conviene el método automático.

8. Una firma de ingenieros consultores quiere decidir entre comprar automóviles o alquilarlos. Se calcula que los automóviles de tamaño mediano costarán $5300 y tendrán un valor comercial probable en 4 años de $1100. El coste anual de ítems como combustible y reparaciones sería de $750 en el primer año, cifra que aumentaría en $50 cada año. Por otra parte, la compañía puede alquilar los mismos coches por $1500 al año, ya que parte de las reparaciones están incluidas en el precio del alquiler; el mantenimiento y la reparación anual se estiman en $100 menos si los coches son alquilados. Si la tasa mínima de retorno de la compañía es del 10 %, ¿cuál es la alternativa que debe seleccionarse?

Solución:

Usando Excel:

	Compra	Alquiler
Coste	–5300	
Año 1	–750	–2150
Año 2	–800	–2200
Año 3	–850	–2250
Año 4	200	–2300
Valor de rescate	1100	
Vida útil	4 años	4 años
VNA	S/7144,99	S/7034,12

Respuesta: Conviene el alquiler.

9. Una compañía manufacturera necesita 10 000 metros cuadrados de espacio de almacenamiento por un periodo de 3 años. La compañía está considerando comprar un área de tierra por $8000 y construir temporalmente una estructura metálica a un coste de $7 el metro cuadrado. Al final de los 3 años, la compañía espera vender el terreno a $9000 y el edificio a $12 000. Por otra parte, la compañía podría alquilar el espacio de almacenamiento por $0,15 el metro cuadrado al mes, a pagar al principio de cada año. Si la tasa mínima de retorno de la compañía es del 10 %, ¿qué clase de espacio para el almacenamiento debe utilizarse?

Solución:

Usando Excel:

	Compra	Alquiler
Coste inicial	–78 000	–18 000
Año 1	0	–18 000
Año 2	0	–18 000
Año 3	21 000	0
Tasa 10 %		
VNA	S/62 222,39	S/49 239,67

Respuesta: Conviene el alquiler.

10. Un contratista de edificios quiere determinar si sería económicamente factible instalar un sistema de desagüe de agua de lluvia en un gran centro comercial actualmente en construcción. Como el proyecto se lleva a cabo en una zona semiárida, la cantidad total de lluvia es muy poca y cae en forma de chubascos cortos, pero fuertes. Estos tienden a causar erosión en el lugar del proyecto, el cual se formó rellenando un arroyo bastante grande. En los 3 años necesarios para la construcción, se esperan 12 chubascos. Si no se instala un sistema de drenaje, el coste de rellenar de nuevo el área sería de $800 por chubasco. Por otra parte, también se podría instalar una tubería de drenaje de acero corrugado que impediría la erosión del terreno. El coste de la instalación de la tubería sería de $1,50 por metro con una longitud total de 5000 MT. Después del periodo de construcción de tres años, parte de la tubería podría recuperarse con un valor estimado de $3000. Suponiendo que los chubascos ocurran cada tres meses, ¿qué alternativa seleccionaría si la tasa de interés es del 20 % nominal capitalizada trimestralmente?

Solución:

Usando Excel:

Trimestre	Sin sistema	Con sistema
0		–7500
1	–800	0
2	–800	0
3	–800	0
4	–800	0
5	–800	0
6	–800	0
7	–800	0

Trimestre	Sin sistema	Con sistema
8	−800	0
9	−800	0
10	−800	0
11	−800	0
12	−800	3000
T. interés nominal = 20 %		
T. trimestral efectiva = 5 %		
VNA	S/7090,60	S/5829,49

Respuesta: Conviene con sistema.

11. Una universidad está considerando instalar unas válvulas eléctricas con manómetros automáticos para sus sistemas de riego. Se calcula que necesitarán 45 válvulas y manómetros a un coste de $65 el juego. Se espera que el coste inicial de instalación sea de $2000. Actualmente hay cuatro empleados encargados de cuidar los jardines, quienes gastan el 25 % de su tiempo regando y su sueldo es de $1200 anuales. Si se instala el sistema automático, los gastos de mano de obra se reducirían en un 80 % y la cuenta de agua disminuiría en un 35 %. Sin embargo, se espera un coste de mantenimiento del sistema automático de $250 al año, además, los manómetros y válvulas durarán 8 años. ¿Qué sistema debe utilizarse si la tasa de interés es del 6 %?

Solución:

Usando Excel:

Año	Con válvulas	Sin válvulas
0	−4925	
1	−555	−1300
2	−555	−1300
3	−555	−1300
4	−555	−1300
5	−555	−1300
6	−555	−1300
7	−555	−1300
8	−555	−1300
VNA	S/8371,44	S/8072,73

Respuesta: Conviene sin válvulas, no realizar la instalación.

12. Se están considerando dos máquinas cuyos costes están indicados en la tabla, que tienen un proceso de producción continua utilizando una tasa de interés del 15 %. Halle la alternativa que debe seleccionarse con base en un análisis de valor presente.

Solución:

	Máquina G	Máquina H
Coste inicial	62 000	77 000
Coste anual de operaciones	15 000	21 000
Valor de rescate	8000	10 000
Vida útil	6 años	6 años

Año	Máquina G	Máquina H
0	–62 000	–77 000
1	–15 000	–21 000
2	–15 000	–21 000
3	–15 000	–21 000
4	–15 000	–21 000
5	–15 000	–21 000
6	–7000	–11 000
VNA	–115 308,62	–152 150,86

Respuesta: Conviene la máquina G.

13. Con el mismo enunciado del problema 12, suponga que la máquina G requiere una reparación general al final del año 2 por un valor de $10 000. ¿Cuál es la alternativa que debe seleccionarse?

Solución:

	Máquina G	Máquina H
Coste inicial	62 000	77 000
Coste anual de operaciones	15 000	21 000
Valor de rescate	8000	10 000
Vida útil	6 años	6 años

Año	Máquina G	Máquina H
0	–62 000	–77 000
1	–15 000	–21 000
2	–25 000	–21 000
3	–15 000	–21 000
4	–15 000	–21 000
5	–15 000	–21 000
6	–7000	–11 000
VNA	–122 870,06	–152 150,86

Respuesta: Conviene la máquina G.

14. Han sido presentadas al administrador de una planta de producción dos propuestas para automatizar un proceso de ensamblaje. La propuesta A incluye un coste inicial de $15 000 y un coste anual de operación de $2000 al año para los 4 años siguientes. De ahí en adelante se supone que el coste de operación aumentará en $100 al año. Se espera también que la vida útil del equipo sea de 10 años sin valor de rescate. La propuesta B incluye un valor inicial de $28 000 y un coste anual de operación de $1200 para los 3 primeros años. Posteriormente se prevé que el coste de operación aumentará en $120 al año. Se espera que el equipo tenga una vida útil de 20 años y un valor de rescate de $2000. Si la tasa mínima atractiva de retorno es del 10 %, ¿qué propuesta se debe aceptar con base en un análisis de valor presente?

Solución:

Usando Excel:

	Propuesta 1	Propuesta 2
Coste inicial	–15 000	–28 000
Coste anual de operaciones	–2000	–1200
Gradiente	100	120
Valor de rescate	0	2000
Vida útil	10	20

Año	Propuesta 1	Propuesta 2
0	–15 000	–28 000
1	–2000	–1200
2	–2000	–1200
3	–2000	–1200
4	–2000	–1320
5	–2100	–1440
6	–2200	–1560
7	–2300	–1680
8	–2400	–1800
9	–2500	–1920
10	–17 600	–2040
11	–2700	–2160
12	–2700	–2280
13	–2700	–2400
14	–2700	–2520
15	–2800	–2640
16	–2900	–2760
17	–3000	–2880
18	–3100	–3000
19	–3200	–3120
20	–3300	–1240
VNA	S/ –40 797,19	S/ –42 841,92

Respuesta: Conviene la propuesta 1.

15. ¿Cuál es la alternativa que debe seleccionarse en el problema 14 si la tasa mínima atractiva de retorno es del 12 % mensual, capitalizada semestralmente?

Solución:

Usando Excel:

Año	Propuesta 1	Propuesta 2
0	–15 000	–28 000
1	–2000	–1200
2	–2000	–1200
3	–2000	–1200
4	–2000	–1320
5	–2100	–1440
6	–2200	–1560
7	–2300	–1680
8	–2400	–1800
9	–2500	–1920
10	–17 600	–2040
11	–2000	–2160
12	–2000	–2280
13	–2000	–2400
14	–2000	–2520
15	–2100	–2640
16	–2200	–2760
17	–2300	–2880
18	–2400	–3000
19	–2500	–3120
20	–2600	–1240
Tasa = 12 % nominal		
Tasa = 6 % semestral		
Tasa = 12,36 % anual		
VNA	–35 344,59	–40 329,55

Respuesta: Conviene la propuesta 1.

16. Un ingeniero ambiental está tratando de decidir entre dos presiones operativas para un sistema de irrigación de aguas reducibles. Si se utiliza el sistema de alta presión, se requerirá menos tubería y acequias, pero el coste de bombeo sería mayor. La alternativa es utilizar una presión más baja con menos acequias. El coste del bombeo se calcula en $0,10 por psi de presión por millón de litros de agua residual. Si se utiliza una presión de 80 psi, se necesitarán 25 acequias a un coste unitario de $22. Además, se requerirán 4000 pies de tubería de aluminio a un coste de $2,80 por pie. Si se utiliza una presión más baja que 50 psi, se requerirán 85 acequías y 13 000 pies de tubería. La tubería de aluminio tiene una vida útil de 10 años y la de las acequías de 4 años. ¿Qué presión se debe seleccionar si la tasa mínima atractiva de retorno es del 20 %?

Solución:

Usando Excel:

Año	Alta presión	Baja presión
0	–11 750	–38 270
1	–8	–5
2	–8	–5
3	–8	–5
4	–558	–1875
5	–8	–5
6	–8	–5
7	–8	–5
8	–558	–1875
9	–8	–5
10	–11 208	–36 405
11	–8	–5
12	–558	–1875
13	–8	–5
14	–8	–5
15	–8	–5
16	–558	–1875
17	–8	–5
18	–8	–5
19	–8	–5
20	–8	–5
VNA	S/14 082,41	S/45 820,74

Respuesta: Conviene la alta presión.

17. El dueño de un autocine está considerando dos propuestas para inclinar las gradas de las rampas de estacionamiento. La primera propuesta incluye el proceso de asfaltado de todo el área, cuyo coste inicial sería de $15 000 y requerirá un mantenimiento anual de $150 empezando 3 años después de la instalación. El dueño espera tener que recubrir el estacionamiento en 15 años con un coste de $8000, puesto que no es necesario inclinar las gradas de nuevo ni hacer una nueva preparación del terreno. Por otra parte, el autocine se puede mejorar con césped y gravilla. El dueño calcula que serían necesarias 40 toneladas de gravilla anualmente a un coste de $15 cada una. Además, se necesitaría una cortadora de césped por un valor de $500, la cual tiene una vida útil de 10 años. El coste de la mano de obra para esparcir la gravilla y cortar el césped se calcula en $700 el primer año y $750 el segundo año con un aumento de $50 cada año. El dueño calcula que una superficie de gravilla no se utilizaría durante más de 30 años. Si la tasa de interés es del 7 %, ¿cuál es la alternativa que seleccionaría?

Solución:

Usando Excel:

Año	Propuesta 1	Propuesta 2
0	–23 000	
1		–1800
2		–1350
3	–150	–1400
4	–150	–1450
5	–150	–1500
6	–150	–1550
7	–150	–1600
8	–150	–1650
9	–150	–1700
10	–150	–1750
11	–150	–1800
12	–150	–1850
13	–150	–1900
14	–150	–1950
15	–150	–2000
Vida útil = 10 años		
Tasa de interés = 7 %		
VNA	S/ –24 253,65	S/ –14 929,88

Respuesta: Conviene la propuesta 2.

18. El dueño de un automóvil quiere decidir entre comprar cuatro llantas radiales o recauchutar las cuatro usadas. Las cuatro radiales costarían $55 cada una y durarían 42 000 kilómetros. Las llantas usadas se pueden recauchutar por $15 cada una, pero durarían solo 12 000 km. Ya que este es el segundo coche, probablemente registraría solo 6000 km por año. Si se compran las llantas radiales, el kilometraje de gasolina aumentaría en un 10 %. Se supone que el gasto de gasolina es de $0,60 por litro y el coche consume un litro cada 20 km. ¿Qué clase de llantas se deben seleccionar si la tasa de interés es del 6 % y el valor de rescate es 0?

Solución:

Kilómetro	Compra	Recauchutado
0	–220	–60
1	–140	–130
2	–140	–130
3	–140	–130
4	–140	–130
5	–140	–130
6	–140	–130
VNA	(S/908,43)	(S/699,25)

Respuesta: Conviene el recauchutado.

19. Un comité local de medidas calcula que el coste de un nuevo parque para la ciudad es de $35 000. Este espera mejorar el parque durante los cinco años siguientes a un coste de $6000 anuales. Los costes anuales de operación serán de $12 000 el primer año, coste que aumentaría en $2000 anuales. Después de ese tiempo, los costes de operación permanecerían en $20 000 anuales. La ciudad espera recibir $11 000 anuales en beneficios el primer año, $14 000 el segundo año y cantidades que aumenten en $3000 hasta el año 8, después del cual el beneficio neto permanecería igual. Calcule el coste capitalizado del parque si la tasa de interés es del 6 %.

Solución:

Año	Subtotales			Total
0	–35 000			–35 000
1	–6000	–12 000	11 000	–7000
2	–6000	–14 000	14 000	–6000
3	–6000	–16 000	17 000	–5000
4	–6000	–18 000	20 000	–4000
5	–6000	–20 000	23 000	–3000
6	0	–20 000	26 000	6000
7	0	–20 000	29 000	9000
8	0	–20 000	32 000	12 000
Tasa de interés del 6 %				
Valor actual neto			S/38 807,77	
Coste capitalizado			S/61 853,69	

20. ¿Cuál es el coste adicional anual en el que puede incurrir la ciudad para el parque de ocio del problema 19 a fin de obtener un punto de equilibrio?

Año				
0	–35 000			–35
1	–6000	–12	11	–7
2	–6000	–14	14	–6
3	–6000	–16	17	–5
4	–6000	–18	20	–4
5	–6000	–20	23	–3
6	0	–20	26	6
7	0	–20	29	9
8	0	–20	32	12
9	0	–20	32	12
10	0	–20	32	12
11	0	–20	32	12
12	0	–20	32	12
13	0	–20	32	12
14	0	–20	32	12

Año				
15	0	–20	32	12
16	0	–20	32	12
17	0	–20	32	12
18	0	–20	32	12
19	0	–20	32	12
20	0	–20	32	12
21	0	–20	32	12
22	0	–20	32	12
23	0	–20	32	12
24	0	–20	32	12
25	0	–20	32	12
26	0	–20	32	12
27	0	–20	32	12
28	0	–20	32	12
29	0	–20	32	12
30	0	–20	32	12
31	0	–20	32	12
32	0	–20	32	12
33	0	–20	32	12
34	0	–20	32	12
35	0	–20	32	12
36	0	–20	32	12

Tasa de interés del 6 %	
Valor actual neto	S/62 126,55
Coste capitalizado	S/99 020,28

21. ¿Cuál es el coste capitalizado de $75 000 hoy, $60 000 en cinco años y una cantidad anual uniforme de $700 anuales para el año 10 y cada año subsiguiente si la tasa de interés es del 8 %?

Solución:

Usando Excel:

Año	
0	75 000
1	0
2	0
3	0
4	0
5	60 000
6	0

Año	
7	0
8	0
9	0
10	700
11	700
12	700
VNA	S/116 737,42

22. ¿Cuál es el coste capitalizado de $200 000 hoy, $300 000 en cuatro años, $50 000 cada cinco años y una cantidad anual uniforme de $8000 comenzando en quince años si la tasa de interés es del 6 %?

Solución:

Usando Excel:

Año	
0	200 000
1	0
2	0
3	0
4	300 000
5	50 000
6	0
7	0
8	0
9	0
10	50 000
11	0
12	0
13	0
14	0
15	58 000
VNA	S/347 112,12

LECTURA

Flujo de caja proyectado

La proyección del flujo de caja constituye una parte importante del estudio de un proyecto, ya que su evaluación se basará en los datos que esta contenga. Cabe mencionar que la información básica para realizar esta proyección se obtiene de los estudios de mercado, técnicos, organizativos y de inversiones del proyecto. La construcción del flujo de caja no es tan trivial como pueda parecer. Hay varias formas posibles para construirlo, depende de la finalidad que se persiga con el flujo de caja: el que se hace para calcular la rentabilidad de una inversión, el que se hace para medir la rentabilidad del inversionista o el que se hace para medir la capacidad de pago de un proyecto, entre otros.

El flujo de caja lo componen varios momentos que representan la recurrencia en el tiempo de un ingreso o una retirada. El horizonte de evaluación depende mucho de las características de cada proyecto. El flujo de caja, cualquiera sea la finalidad con que se elabore, tiene una estructura convencional basada en criterios conocidos y ampliamente aceptados, que son fundamentales para que el resultado de la evaluación cumpla con la interpretación de los distintos agentes.

Estructura general de un flujo de caja:

Ingresos sujetos a impuestos

– Retiradas sujetas a impuestos

– Gastos no desembolsables

Beneficio antes de impuestos

– Impuestos

Beneficio después de impuestos

+ Ajuste por gastos no desembolsables

– Retiradas no sujetas a impuestos

+ Ingresos no sujetos a impuestos

Flujo de caja del proyecto

En los ingresos sujetos a impuestos se incluyen los que provengan de las ventas del producto o el servicio que generaría el proyecto, de la venta de residuos y de la venta de activos durante la operación, especialmente aquellos que se reemplazan. En las retiradas sujetas a impuestos se incluyen todas las provenientes de la fabricación, administración y ventas, por concepto de remuneraciones, insumos, materiales, servicios y otros. Hay que tener cuidado con no confundir esta amortización con la de los préstamos. Como estos gastos no son desembolsables y deben incluirse para calcular el pago tributario en que se incurre, después de haber calculado el impuesto se deberán volver a sumar. En las retiradas no sujetas a impuestos están las inversiones, en que deberá incluirse el capital de trabajo. En los ingresos no sujetos a impuestos se incluirá la recuperación del capital de trabajo y el valor de desecho del proyecto.

Autoevaluación de la unidad IV, tema A

1. Una empresa adquirió maquinaria nueva. El coste de esta maquinaria asciende a S/46 000 y tiene una vida útil de 5 años. El valor residual de la maquinaria es de S/6000. Halle la depreciación anual y la tasa anual de depreciación.

   a. 7090 y 16,39 %
   b. 8000 y 17,39 %
   c. 8010 y 18,39 %
   d. 8020 y 19,39 %
   e. 8030 y 20,39 %

2. Una fábrica compra maquinaria nueva por un valor de S/60 000. Si esta maquinaria se deprecia en un 90 % de su valor durante 8 años de vida útil, halle la depreciación anual y la tasa anual de depreciación.

   a. 6750 y 11,25 %
   b. 6700 y 11,50 %
   c. 6650 y 11,00 %
   d. 6625 y 10,75 %
   e. 6600 y 20,39 %

3. Se desea adquirir un equipo nuevo valorado en S/90 000. Su valor de rescate alcanza el 11 % de su valor al final de 10 años de vida útil. Halle la depreciación anual y la tasa anual de depreciación.

   a. 8050 y 8,25 %
   b. 8040 y 8,50 %
   c. 8030 y 8,92 %
   d. 8020 y 8,91 %
   e. 8010 y 8,90 %

4. La vida de un automóvil de S/18 500 se estima en 10 años y su valor residual es S/10 000. Halle la depreciación anual y la tasa anual de depreciación.

   a. 830 y 5,95 %
   b. 840 y 5,96 %
   c. 850 y 5,97 %
   d. 860 y 5,96 %
   e. 870 y 5,95 %

5. Un tractor tiene un coste de S/245 000, además, su vida probable es de 12 años y su valor de residuo es de S/130 000. Halle la depreciación anual y la tasa anual de depreciación.

   a. 9583,33 y 5,14 %
   b. 9584,44 y 5,15 %
   c. 9583,33 y 5,16 %
   d. 9582,22 y 5,17 %
   e. 9581,11 y 5,18 %

6. Un edificio cuesta S/2 500 000 y tiene un valor residual de S/1980 000 después de 15 años. Halle la depreciación anual y la tasa anual de depreciación.

   a. 34 050,57 y 1,55 %
   b. 34 666,67 y 1,54 %
   c. 34 030,37 y 1,53 %
   d. 34 020,27 y 1,52 %
   e. 34 010,17 y 1,51 %

7. Una grúa está valorada en S/96 000 y tiene un valor residual de S/65 000 después de 6 años. Halle la depreciación anual y la tasa anual de depreciación.

   a. 168,67 y 6,27 %
   b. 167,67 y 6,28 %
   c. 166,67 y 6,29 %
   d. 165,67 y 6,30 %
   e. 164,67 y 6,31 %

8. Se tiene un lote de 15 bicicletas, cuyo coste es de S/985 000 cada una. Si se estima que su vida probable es de 3 años y el valor residual por unidad es S/460 000, halle la depreciación anual y la tasa anual de depreciación.

   a. 168 670 y 22,38 %
   b. 170 670 y 22,39 %
   c. 172 670 y 22,40 %
   d. 175 000 y 22,42 %
   e. 164 670 y 22,44 %

9. Una máquina industrial costó $2475 y tiene una vida útil de 4 años con un valor de rescate de $400. Halle la depreciación anual empleando el método lineal.

   a. 516,25
   b. 517,50
   c. 518,75
   d. 519,85
   e. 520,95

10. Un automóvil costó $6000 y tiene una vida útil de 5 años con un valor de rescate de $1000. Halle el valor contable al final del tercer año empleando el método lineal.

    a. 2900
    b. 2925
    c. 2950
    d. 3000
    e. 3100

Autoevaluación de la unidad IV, tema B

PREGUNTAS DE CONOCIMIENTO, ANÁLISIS Y SÍNTESIS

1. Una definición de evaluación de alternativas es

   a. medir los beneficios y gastos de las alternativas.

   b. comparar alternativas para elegir la mejor.

   c. hacer un sumatorio algebraico de los ingresos y las retiradas.

   d. reunir todos los ingresos y las retiradas de las alternativas.

   e. ver qué alternativa tiene más ingresos.

2. Una definición de valor actual neto es

   a. sumatorio de los valores actuales.

   b. la diferencia entre la cuantía y el capital depositado.

   c. la suma de gastos que ocurren en la actualidad.

   d. hacer un sumatorio algebraico de los ingresos y las retiradas.

   e. reunir todos los ingresos y las retiradas de las alternativas.

3. Responda verdadero (V) o falso (F) según corresponda.

   ☐ Los pagos se aplican cada fin de periodo.

   ☐ La función TIR y el VNA se aplican cuando los pagos no son uniformes, mientras que la función tasa y VA se aplican cuando los pagos son uniformes.

   ☐ Pagoint es mayor que pagoprin para los mismos datos.

   ☐ El VA y VNA se pueden usar cuando los pagos son iguales.

   ☐ El VA para un VF con tasa de interés continuo no se puede estimar.

   a. VVVVV

   b. FFFFF

   c. FVFVF

   d. FVFFF

   e. FFFVF

4. Se están considerando dos máquinas:

	Máquina G	Máquina H
Coste inicial	6200	7700
Coste anual de operación	1500	2100
Valor de rescate	800	1000
Vida útil (años)	3	4

Utilizando una tasa de interés del 15 %, halle el VNA de las dos máquinas.

a. 21 598,38 y 24 917,08
b. 21 600,38 y 24 917,18
c. 21 600,58 y 24 917,28
d. 21 601,58 y 24 917,38
e. 21 602,58 y 24 917,58

PREGUNTAS DE DESARROLLO, ANÁLISIS Y SÍNTESIS

5. Se compra una máquina que al contado cuesta $2000 con una cuota inicial de $500 y el saldo se financia a 12 meses pagando $180 mensuales. ¿Cuál es la tasa de interés que se aplica en esa transacción?

a. 5,06 %
b. 5,88 %
c. 5,99 %
d. 6,00 %
e. 6,11 %

6. Calcule el coste capitalizado de un proyecto que tiene un coste inicial de 3000 y un coste de inversión adicional de 800 después de 6 años. El coste anual de operación será de 150 para los primeros 3 años y 300 de ahí en adelante. Además, se espera un coste recurrente de reoperación de 900 cada 8 años. Suponga que la tasa de interés es del 10 %.

a. 6498,41
b. 6400,41
c. 6400,51
d. 6400,61
e. 6400,71

7. Se compra una máquina que al contado cuesta $15 000 con una cuota inicial de $5000 y el saldo se financia a 12 meses pagando $1000 mensuales. ¿Cuál es la tasa de interés que se aplica en esa transacción?

a. 2,90 %
b. 2,92 %
c. 2,94 %
d. 2,96 %
e. 2,98 %

8. Calcule el coste capitalizado de un proyecto que tiene un coste inicial de 3500 y un coste de inversión adicional de 2600 después de 8 años. El coste anual de operación será de 200 para los primeros 6 años y 150 de ahí en adelante. Además, se espera un coste recurrente de reoperación de 1500 cada 10 años. Suponga que la tasa de interés es del 12 %.

a. 6498,63
b. 6496,63
c. 6494,63
d. 6490,63
e. 6488,63

9. Se desea adquirir un automóvil cuyo precio es de S/16 000. Una institución bancaria puede financiar hasta el 60 % de su valor, el cual puede devolverse en 60 cuotas de S/244 cada una. Determine la tasa efectiva anual aplicada por el banco.

   a. 1,90 %
   b. 1,80 %
   c. 1,70 %
   d. 1,60 %
   e. 1,50 %

10. Un microempresario desea adquirir una maquinaria cuyo precio al contado es de S/20 000. También se vende al crédito con un 50 % de inicial y 36 cuotas de S/458. ¿Qué tasa está aplicando la tienda?

   a. 2,00 %
   b. 2,50 %
   c. 3,00 %
   d. 3,50 %
   e. 4,00 %

Modelo de examen final N.° 1

PREGUNTAS DE CONOCIMIENTO, ANÁLISIS Y SÍNTESIS

1. Una definición de coste capitalizado es
   a. el VNA del flujo de caja de un proyecto de vida útil perpetua.
   b. la diferencia entre el valor presente de los ingresos y el valor presente de las retiradas.
   c. la anualidad perpetua, en la cual no existe el último pago.
   d. la suma de los gastos.
   e. la suma de los ingresos.

2. Una definición de amortización es
   a. cualquier pago para cancelar una deuda.
   b. similar a la depreciación que se aplica a los intangibles.
   c. parte del pago que devuelve el préstamo.
   d. parte del pago por el interés generado.
   e. una cantidad constante que se paga todos los meses.

PREGUNTAS DE CONOCIMIENTO Y ANÁLISIS

3. Responda verdadero (V) o falso (F) según corresponda.
   ☐ La capitalización se da cuando los intereses devengados en un periodo se transforman en capital en el periodo siguiente.
   ☐ Si TIR < COK, entonces el proyecto no se acepta.
   ☐ Si TIR > COK, entonces el proyecto se acepta.
   a. VVF
   b. VVV
   c. VFF
   d. FFF
   e. FVV

PREGUNTAS DE DESARROLLO, ANÁLISIS Y SÍNTESIS

4. Se consideran dos máquinas. Utilizando una tasa de interés del 10 %, halle el VNA de ambas máquinas.

	Máquina A	Máquina B
Coste inicial	3500	4000
Coste anual de operaciones	400	350
Valor de rescate	1500	1800
Vida útil (años)	3	5

a. 10 700,38 y 8425,44
b. 10 600,38 y 8430,44
c. 10 500,38 y 8435,44
d. 10 400,38 y 8440,44
e. 10 300,38 y 8445,44

5. Se consideran dos máquinas. Utilizando una tasa de interés del 12 %, halle el VNA de ambas máquinas.

	Máquina A	Máquina B
Coste inicial	7000	8000
Coste anual de operación	400	350
Valor de rescate	3000	3500
Vida útil (años)	3	5

a. 16 517,04 y 13 748,67
b. 16 518,04 y 13 747,67
c. 16 519,04 y 13 746,67
d. 16 520,04 y 13 745,67
e. 16 521,04 y 13 744,67

6. Se compra una máquina que al contado cuesta $15 000 con una cuota inicial de $5000 y el saldo se financia a 12 meses pagando $1000 mensuales. ¿Cuál es la tasa de interés que se aplica en aquella transacción?

a. 2,88 % mensual
b. 2,89 % mensual
c. 2,90 % mensual
d. 2,91 % mensual
e. 2,92 % mensual

7. Calcule el coste capitalizado de un proyecto que tiene un coste inicial de 3500 y un coste de inversión adicional de 2600 después de 8 años. El coste anual de operación será de 200 para los primeros 6 años y 150 de ahí en adelante. Además, se espera un coste recurrente de reoperación de 1500 cada 10 años. Suponga que la tasa de interés es del 12 %.

a. 6482,63
b. 6484,63
c. 6486,63
d. 6488,63
e. 6490,63

8. Una deuda de S/100 000 se paga con 10 cuotas anuales aplicando el 5 % de interés anual. Las primeras 5 cuotas son iguales, a S/10 000 cada una. Calcule el importe de cada cuota correspondiente al periodo restante.

   a. 16 782,07
   b. 16 716,07
   c. 16 786,07
   d. 16 788,07
   e. 16 790,07

9. ¿Cuál será la cantidad que dispondrá un hijo cuando cumpla la mayoría de edad si su padre ha depositado desde medio año antes que aquel cumpliera 5 años la suma de S/200 cada mes que gana un 1 % mensual?

   a. 80 251,89
   b. 80 252,89
   c. 80 253,89
   d. 80 254,89
   e. 80 255,89

10. ¿Dentro de qué tiempo podrá percibirse la producción semestral de S/100 000 de una mina comprada hoy en S/1 000 000 si los técnicos han previsto que su duración será de 18 años y el dinero se evalúa en un 7 % anual nominal?

    a. 6 años, 6 meses, 10 días
    b. 6 años, 5 meses, 10 días
    c. 6 años, 4 meses, 10 días
    d. 6 años, 3 meses, 10 días
    e. 6 años, 2 meses, 10 días

Modelo de examen final N.° 2

1. Halle la cuantía de un capital de S/12 500 colocado al 5 % de interés compuesto durante 7 años.

   a. 16 833,83
   b. 17 588,76
   c. 18 588,76
   d. 16 333,33
   e. N. A.

2. ¿Cuál fue el capital que colocado al 2,5 % se convierte en 20 000 al cabo de 27 años?

   a. 10 268
   b. 11 226
   c. 12 662
   d. 12 622
   e. N. A.

3. Calcule el tiempo en que un capital de 10 000 se incrementa en un 45 % por razón del interés compuesto al 5 %.

   a. 8 años, 2 meses, 6 días
   b. 9 años, 6 meses, 6 días
   c. 10 años, 6 meses
   d. 7 años, 6 meses, 6 días
   e. N. A.

4. Si un pagaré de 500 millones tiene un efectivo de 250 millones faltando 2 años para su vencimiento, ¿cuál es la tasa de descuento compuesto bancario?

   a. 14 %
   b. 12,30 %
   c. 11 %
   d. 12,6 %
   e. 41,42 %

5. ¿Qué tiempo faltaba para el vencimiento de un pagaré de S/200 000 que, descontado a una tasa compuesta del 7%, tuvo un efectivo de S/142 000?

   a. 4,43 años
   b. 5,43 años
   c. 6,43 años
   d. 6 años
   e. 5,06 años

6. Si el valor nominal es S/2167,94, halle el valor efectivo bancario de una letra que fue descontada en un 18 % capitalizable trimestralmente faltando 2 años para su vencimiento.

   a. 1500
   b. 1400
   c. 1600
   d. 1800
   e. N. A.

7. ¿A qué tasa de descuento compuesto comercial un pagaré de 3 millones obtiene un efectivo de 2 205 089,55 si vence dentro de 4 años?

   a. 7 %
   b. 8 %
   c. 5 %
   d. 6 %
   e. N. A.

8. Si se desea formar un capital de 50 000 mediante 20 depósitos cada fin de año al 5 % de interés, ¿cuál será el importe de cada depósito?

   a. 1412
   b. 2020
   c. 1155
   d. 1512
   e. N. A.

9. ¿En qué tiempo se acumulará S/5000 depositando S/150 cada fin de año al 5 % de interés?

   a. 20 años, 4 meses, 9 días
   b. 20 años, 1 mes, 9 días
   c. 20 años, 3 meses, 1 día
   d. 20 años, 3 meses, 9 días
   e. N. A.

10. ¿Cuántas anualidades vencidas de S/10 000 cada una, y colocadas al 5 % anual de interés compuesto, fueron necesarias para capitalizar S/68 019?

   a. 7 cuotas
   b. 5 cuotas
   c. 6 cuotas
   d. 4 cuotas
   e. N. A.

"El sabio no es la persona llamada biblioteca andante, sino la persona que, sabiendo poco o mucho, actúa con sencillez".
Aníval Torre

Modelo de examen final N.° 3

1. ¿Qué tiempo falta para el vencimiento de un pagaré de S/200 descontado a una tasa de descuento compuesto del 5 % anual con un efectivo de S/150.

   a. 5 años, 9 meses, 7 días
   b. 5 años, 7 meses, 9 días
   c. 5 años, 4 meses, 9 días
   d. 5 años, 4 meses, 7 días
   e. 5 años, 3 meses, 7 días

2. Si un pagaré de S/77 098,16 tiene un efectivo de S/50 000 faltando 7 años para su vencimiento, ¿a qué tasa de descuento compuesto fue descontado?

   a. 6 %
   b. 5 %
   c. 4 %
   d. 3,5 %
   e. 6,58 %

3. ¿A qué tasa real equivale una tasa nominal del 8 % con liquidación del descuento trimestralmente?

   a. 7,70 %
   b. 7,72 %
   c. 7,74 %
   d. 7,76 %
   e. 7,78 %

4. Si se desea formar un capital de 30 000 mediante 20 depósitos cada fin de año al 5 % de interés, ¿cuál será el importe de cada depósito?

   a. 905,28
   b. 906,28
   c. 907,28
   d. 908,28
   e. 909,28

5. ¿En qué tiempo se acumularán S/55 000 depositando S/1500 cada fin de año al 5 % de interés?

   a. 20 años, 3 meses, 9 días
   b. 20 años, 1 mes, 9 días
   c. 21 años, 8 meses, 1 día
   d. 21 años, 4 meses, 4 días
   e. 21 años, 10 meses, 15 días

6. ¿Cuántas anualidades vencidas de S/18 094,32 cada una y colocadas al 5 % anual de interés compuesto fueron necesarias para capitalizar S/100 000?

   a. 6 cuotas
   b. 5 cuotas
   c. 4 cuotas
   d. 3 cuotas
   e. 2 cuotas

7. ¿Cuál fue la cuota vencida que al 5 % de interés anual durante 5 años capitalizó S/100 000?

   a. 16 666,20
   b. 18 097,52
   c. 199 290,20
   d. 17 860,20
   e. 15 500,50

8. ¿Cuál fue la cuota vencida que al 5 % de interés anual durante 5 años capitalizó S/100 000?

   a. 16 666,20
   b. 18 197,52
   c. 19 290,20
   d. 17 860,20
   e. 18 097,48

9. Si, durante 12 años al 6 % anual de interés compuesto, cierta cantidad pagada cada fin de año capitalizó una cuantía de S/20 000, ¿a cuánto ascendía aquella anualidad?

   a. 1185,54
   b. 1095,50
   c. 1200,00
   d. 1300
   e. 1195,52

10. Al comienzo de cada cuatrimestre se deben depositar S/7500 al 12 % anual. ¿Cuántos años se necesitan para obtener 150 000?

    a. 9 años
    b. 8 años
    c. 7 años
    d. 6 años
    e. 5 años

Modelo de examen final N.° 4

1. ¿Cuál será el descuento de un pagaré de 1 millón de unidades monetarias faltando 3 años para su vencimiento si se descuenta a una tasa anual del 15 % de descuento compuesto?

   a. 342 483,77
   b. 242 114,26
   c. 104 315,12
   d. 215 416,20
   e. 340 480,24

2. Durante 4 años se impone S/4000 al 10 % de interés. ¿Cuál será el capital formado?

   a. 14 140
   b. 18 564
   c. 16 815
   d. 24 212
   e. 20 500,58

3. Un televisor cuesta S/100 y se decide pagar a plazos mediante 18 cuotas anuales vencidas. Halle el valor de cada cuota incluido el 8 % de interés compuesto.

   a. 10,67
   b. 11,62
   c. 12,62
   d. 12,12
   e. 5,55

4. ¿En qué tiempo se puede acumular S/1200 depositando S/32 cada fin de año al 5 % de interés compuesto?

   a. 20 años
   b. 19 años
   c. 19,64 años
   d. 21,64 años
   e. 22,64 años

5. ¿En qué tiempo se acumulará S/5000 depositando S/150 cada fin de año al 5 % de interés compuesto?

   a. 20 años, 3 meses, 9 días
   b. 20 años, 1 mes, 7 días
   c. 20 años, 3 meses, 1 día
   d. 20 años, 4 meses, 9 días
   e. 20 años, 2 meses, 9 días

6. A una casa tasada en 200 000 se le calcula su valor residual después de 30 años en 40 000. ¿Cuál es el grado de depreciación anual según el método lineal?

   a. 5333,33
   b. 6333,33
   c. 7333,33
   d. 8333,33
   e. 9333,33

7. Una casa comercial compra mobiliario por valor de S/6000. Calcule el tipo de depreciación anual en un porcentaje relativo al método uniforme si su valor residual se calcula en 2000 dentro de 5 años.

   a. 10 %
   b. 15 %
   c. 20 %
   d. 25 %
   e. 30 %

8. ¿A cuánto asciende el fondo de depreciaciones después de 5 años de un mimeógrafo evaluado en S/12 000, y cuyo valor residual está calculado en S/3000 y su valor usual en 12 años?

   a. 2500
   b. 2750
   c. 3000
   d. 3500
   e. 3750

9. Una fábrica vendió muebles de oficina y recibió un pagaré a 1 año. Si al descontarlo de inmediato al 32 % de forma trimestral cobró en efectivo S/450, ¿cuál fue el valor nominal del descuento?

   a. 640,26
   b. 628,14
   c. 650,26
   d. 660,60
   e. 670,60

10. ¿A qué tasa real equivale una tasa nominal del 12 % cuando la liquidación del descuento es bimestral?

   a. 12,42
   b. 12,22
   c. 12,00
   d. 11,82
   e. 11,42

Respuestas de la autoevaluación de la unidad IV, tema A

1. b 2. a 3. e 4. c 5. a 6. b 7. c 8. d 9. c 10. d

Respuestas de la autoevaluación de la unidad IV, tema B

1. b 2. a 3. c 4. d 5. e 6. a 7. b 8. e 9. e 10. c

Detalle de la pregunta 4 de la autoevaluación de la unidad V

	Máquina G	Máquina H
Coste inicial	6200	7700
Coste anual de operación	1500	2100
Valor de rescate	800	1000
Vida útil (años)	3	4

Año	Máquina G	Máquina H
0	−6200	−7700
1	−1500	−2100
2	−1500	−2100
3	−6900	−2100
4	−1500	−8800
5	−1500	−2100
6	−6900	−2100
7	−1500	−2100
8	−1500	−8800
9	−6900	−2100
10	−1500	−2100
11	−1500	−2100
12	−700	−1100
VNA	−21 601,58	−24 917,38

Respuestas de los modelos de exámenes finales

N.° 1	N.° 2	N.° 3	N.° 4
1. a	1. b	1. b	1. a
2. c	2. a	2. a	2. b
3. b	3. d	3. d	3. a
4. e	4. e	4. c	4. d
5. c	5. e	5. d	5. b
6. e	6. a	6. b	6. a
7. d	7. b	7. b	7. c
8. b	8. d	8. e	8. e
9. a	9. b	9. a	9. b
10. d	10. c	10. e	10. e

Detalle de la pregunta 4 del modelo de examen final N.° 1

	Máquina A	Máquina B
Coste inicial	3500	4000
Coste anual de operación	400	350
Valor de rescate	1500	1800
Vida útil (años)	3	5

Año	Máquina A	Máquina B
0	–3500	–4000
1	–400	–350
2	–400	–350
3	–2400	–350
4	–400	–350
5	–400	–2550
6	–2400	–350
7	–400	–350
8	–400	–350
9	–2400	–350
10	–400	–2550
11	–400	–350
12	–2400	–350
13	–400	–350
14	–400	–350
15	1100	1450
VNA	–10 300,38	–8445,44

Exploración en línea

www.youtube.com/watch?v=O5iCxJz7sh8
www.youtube.com/watch?v=5M3EqcP6bYA
www.youtube.com/watch?v=iLxa2JrakPQ
www.youtube.com/watch?v=mHcNsJ_FlmE
www.youtube.com/watch?v=I0P1bXR7nno
www.youtube.com/watch?v=qn7C6Bfw0mY

"Uno aprende haciendo las cosas porque, aunque piense que lo sabe, no tendrá la certidumbre hasta que lo intente".
Sófocles

Glosario

Activo: Todo aquello que tiene valor monetario y es de propiedad de una empresa o individuo (Koch Tovar, 2006).

Cesta de mercado: Conjunto de bienes y servicios consumidos por cada hogar.

Cesta familiar: Cesta de consumo representativa de la población.

Capital social: Dinero o bienes que aportan los socios para constituir una empresa.

Capital financiero: Medida de un bien económico referido a la época en que es indispensable. Todo bien económico es la imagen o está asociado a un capital financiero.

Consumo: Demanda efectiva actual que equivale al volumen total de transacciones de un producto o servicio a un precio determinado, dentro de un área determinada, en un momento dado (Koch Tovar, 2006).

Coste financiero: Coste por utilizar los capitales financieros de la empresa cuya imagen se encuentra en las inversiones.

Coste de capital: Rendimiento mínimo que debe ofrecer una inversión para que merezca la pena realizarla desde el punto de vista de los actuales poseedores de una empresa (Suárez Suárez, 2005).

Coste de producción: Gastos ocasionados por el pago de intereses, salarios, amortizaciones, materias primas y todos aquellos conceptos que inciden directa e indirectamente en la producción de un artículo (Koch Tovar, 2006).

Demanda: Necesidad o deseo de adquirir un bien o un servicio unida a las posibilidades de adquirirlo (Koch Tovar, 2006).

Demanda potencial: Volumen probable que alcanzaría la demanda real por el incremento normal a futuro o bien si se modificaran ciertas condiciones del medio que la limitan (Koch Tovar, 2006).

Descuento: Rebaja que se obtiene por el pago anticipado de una letra o un pagaré.

Devaluación: Variación del tipo de cambio del dólar a precios de nuevos soles.

Dinero: Un medio de intercambio que da valor a los bienes, servicios y obligaciones.

Evaluación: Constituye un balance de ventajas y desventajas de asignar al proyecto analizado los recursos necesarios para su realización (Koch Tovar, 2006).

Inflación: Variación del índice de precios del consumidor (IPC) entre dos periodos determinados.

Proyecto: Un conjunto de estudios parciales que permite decidir si una inversión debe realizarse o no.

Rentabilidad: Relación existente entre los rendimientos netos obtenidos de la inversión y un capital invertido, expresada dicha relación en tanto por ciento (Koch Tovar, 2006).

Tasa activa: Aquella que cobran las instituciones financieras por las operaciones de préstamos que otorgan.

Tasa pasiva: Aquella que pagan las instituciones financieras por las operaciones de depósito (depósito de ahorro, depósito a plazo, etc.).

Tasa de interés: Fracción del capital que se paga por la unidad del tiempo por concepto de interés. Es la proporción del interés y el capital.

Tasa de interés simple: Intereses que no se capitalizan.

Tasa de interés compuesto: Intereses que se capitalizan, es decir, se van agregando a la cantidad invertida.

Tasa de descuento: Similar a la tasa de interés. Se aplica en los descuentos. Puede ser simple o compuesto.

Tasa de interés activa: Tasa de interés que el banco cobra por un préstamo.

Tasa de interés pasiva: Tasa de interés que el banco paga a sus ahorradores.

Tasa de interés nominal: Se aplica al rendimiento que otorga un instrumento de inversión en un periodo, como el coste de un préstamo.

Tasa de interés real: Descuenta los efectos de la inflación. Puede ser negativa o positiva.

Tasa de interés real negativa: Si la tasa de interés es inferior a la inflación.

Tasa de interés real positiva: Si la tasa de interés es superior a la inflación.

Tasa de interés efectiva: Tasa que se aplica en las fórmulas financieras y se denota usando las letras "i" o "j". Se expresa con un número seguido por el periodo de capitalización.

Tasa de interés nominal: Tasa de interés referencial que se denota usando la letra "r". Se expresa con la frase: "capitalizable..." e indica cuántas veces se capitaliza al año.

Tasa interna de retorno: Aquella tasa de interés que hace equivalentes a un flujo de ingresos con un flujo de costes. En otras palabras, aquella tasa de interés que hace igual a cero el valor presente de los ingresos menos los costes (Koch Tovar, 2006).

Referencias bibliográficas

Acosta Malpica, O. (2004). *Matemática financiera y actuarial* (Primera ed.). Lima: Departamento de Impresiones y Publicaciones de la Universidad Inca Garcilaso de la Vega.

Aliaga Valdez & Aliaga Calderón. (2002). *Matemáticas financieras* (Primera ed.). Bogotá: Prentice Hall.

Álvarez, A. (2005). *Matemáticas financieras* (Tercera ed.). Bogotá: McGraw Hill.

García, J. A. (2016). *Matemáticas financieras con ecuaciones de diferencia finita* (Quinta ed.). Bogotá: Pearson.

Hart Davis, G. (2007). *Excel 2007, paso a paso.* México: McGraw Hill.

Koch Tovar, J. (2006). *Manual del empresario exitoso.* España: Universidad de Málaga. Edición electrónica: www.eumed.net/libros-gratiS/2006c/210/1qhtm.

Nicholson, W. (2008). *Teoría microeconómica* (Novena ed.). México: Cengage Learning.

Suárez Suárez, A. S. (2005). *Decisiones óptimas de inversión y financiación en la empresa* (20 ed.). España: Pirámide.

Zima, Pret & Robert Brown. (2006). *Matemáticas financieras* (Cuarta ed.). México: MacGraw Hill.